一读就上瘾的博弈论

白袷 编著

民主与建设出版社

© 民主与建设出版社，2024

图书在版编目（CIP）数据

一读就上瘾的博弈论 / 白裕编著. -- 北京：民主
与建设出版社, 2024.2
ISBN 978-7-5139-4457-1

Ⅰ.①一… Ⅱ.①白… Ⅲ.①博弈论—通俗读物
Ⅳ.①O225-49

中国国家版本馆CIP数据核字（2024）第007713号

一读就上瘾的博弈论
YI DU JIU SHANGYIN DE BOYILUN

编　　著	白　裕	
责任编辑	刘　芳	
封面设计	仙境设计	
出版发行	民主与建设出版社有限责任公司	
电　　话	（010）59417747　59419778	
社　　址	北京市海淀区西三环中路10号望海楼E座7层	
邮　　编	100142	
印　　刷	天津光之彩印刷有限公司	
版　　次	2024年2月第1版	
印　　次	2024年3月第1次印刷	
开　　本	880毫米×1230毫米　1/32	
印　　张	6.5	
字　　数	137千字	
书　　号	ISBN 978-7-5139-4457-1	
定　　价	45.00元	

不讲背地里使的诡计，只讲明面上用的策略。

　　美国经济学家保罗·萨缪尔森说："要想在现代社会做一个有文化的人，你必须对博弈论有一个大致的了解。"我们每天生活在博弈中，人类已进入利益博弈的时代。我们每天从醒来就必须不断地做决定，小到决定早餐吃什么，要不要到超市购物，要不要看电影，晚饭后要不要散步，甚至读一本什么样的书；大到决定要不要买一台车，报考哪所学校，选择什么专业，从事怎样的工作，怎样开展一项研究，如何打理生意，要不要结婚生子……不管有意无意，深思熟虑或一时冲动的决定都带有一定的博弈成分。

　　在这些决策中，存在一个共同的因素：那就是你并不是在一个毫无干扰的真空世界里独自做决定。相反，你的身边充斥着和你一样的决策者，他们的选择与你的选择相互作用，你的对手和你同样聪明且关心自己的利益，一方面，他们的目标常常与你发生冲突；另一方面，你们之间存在潜在的合作可能。这种互动关系自然会对你的思维和行动产生影响，你的选择和决定将对别人的决策结果产生影响，同样，别人的选择和决定也直接影响你决策的最终结果。有些事情错了可以重来，而有些事情一旦决定就无法更改。如何能让自己远离后悔的痛苦？我们都需要一种良好的决策方法，那就是博弈。

博弈论是由美国数学家冯·诺伊曼和美国经济学家奥斯卡·摩根斯坦在二十世纪中期创立。博弈论研究的是决策主体的行为在直接相互作用时人们如何进行决策，以及这种决策如何达到均衡的问题。通俗地讲就是，每个博弈者在决定采取何种行动时不但要根据自身的利益和目的行事，还要考虑自身的决策行为对他人可能造成的影响，以及他人的行为对自己可能造成的影响，然后通过选择最佳行动策略来寻求收益或效用的最大化。

你作出的选择足以决定你的前途和命运，它直接影响你在职场中的位置、未来会有着怎样的人生、能过上哪个层次的生活。用博弈的眼光可以解释我们一生中的各类问题，包括爱情、婚姻、职场竞争、人际交往、投资活动、时间管理，等等，只有学会运用博弈的智慧，我们才能在生活的画板上描绘出五彩斑斓、绚丽多姿的人生。

　　一个成功的人需要掌握人生必备的博弈智慧，善于用最能赢得人心的方式去应对人与事。两难困境时懂得委曲求全，弹性制胜；谈判较量里懂得纳什均衡，话锋制胜；职场竞争中懂得虚怀若谷，境界制胜；爱情曲折处懂得委婉倾诉，以情制胜。

　　为了更好地与他人合作，你需要学习一点博弈论的策略思维，只要明白了它的原理，你就可以在既有条件下作出最优的选择，使自己的利益最大化。

目 录

CONTENTS

第一章 ·····················
● 如何运用博弈思维提高人生胜算

第二章 ·················

囚徒困境：人性的底层逻辑

第三章 ··············

● 智猪博弈：强者世界里弱者的生存法则

第四章 ······················

● 斗鸡博弈：狭路相逢的进退智慧

第五章 ....

● **信息博弈：真假杂糅中如何识别真相**

第六章 ·····················

生存博弈术：我不是教你诈

如何运用博弈思维提高人生胜算

你可以决定结局：零和、负和与正和

博弈是为争夺利益而进行的一场游戏，游戏的结局在大多数情况下总是一方赢，一方输，如果我们把获胜计为得1分，输者得–1分，那么，两人得分之和就是：1+（–1）=0，在博弈论中这种情形被称为"零和博弈"。零和博弈强调的是博弈中甲方的收益必然是乙方的损失，各博弈方得益之和恰好为零。

有一则关于狐狸与狼的寓言可以形象地解释零和博弈的原理：一天晚上，狐狸踱步来到井边，低头看到井底水面上月亮的影子，它以为那是一块奶酪。饿得发昏的狐狸跨进一只吊桶下到了井底，把与之相连的另一只吊桶升到了井面。下得井来它才明白这"奶酪"是吃不得的，自己已经铸成大错，处境十分不利，长期下去只有等死，如果没有另一个饥饿的替死鬼来打这月亮的主意，把它从眼下窘迫的境地换出来，它怎么能指望再活着回到地面上去呢？

两天两夜过去了，没有一只动物光顾水井。时间一分一秒地不断流逝，银色的上弦月出现了。沮丧的狐狸正无计可施时，刚好一只口渴的狼途经此地，狐狸心生一计，它对狼打招呼道："喂，伙计，我免费招待你一顿美餐你看怎么样？"看到狼被吸引住了，于是狐狸指着井底的月亮对狼说："你看到这个了吗？这可是块十分好吃的奶酪，我已经吃掉了这奶酪的一半，剩下这一半也够你吃一顿的了，就请委屈你钻到我特意为你准备好的桶里下到井里来吧。"狐狸尽量把故事编得天衣无缝，狼果然中了它的奸计。狼下到井里，它的重量使狐狸升到了井口，这只被困两天的狐狸终于得救了。

这个故事中，狐狸和狼进行的就是零和博弈。狐狸和狼一只在下面一只在上面，下面的狐狸想上去，就得想办法让上面的狼下来。狐狸的生意味着狼的死，零和博弈中，博弈双方的总成绩永远为零。

生活中有太多类似的情况，胜利者的喜悦常常建立在失败者的痛苦之上，胜利者的光荣背后往往隐藏着失败者的辛酸与苦涩。从个人到国家，从政治到经济，这个世界上每天都在进行着无数场"零和游戏"。

大多数体育运动都属于一方胜一方负的情形，如乒乓球、羽毛球等。一个人不可能在一个项目中做到在自己不失利的情况下帮助对方获胜。股票交易也是一种"零和游戏"，人们投资股市是渴望在买卖中赚取差额以获得投资回报，这样，当一个人在股市中赚到钱时，就意味着别人因此受到了损失。也就是说，在股市中输钱者所输钱的总和等于赢钱者所赢钱的总和，总负数与总盈数相加结果为零。

赌博也是"零和游戏"，因为赌来赌去钱的总数并没有增加，只是从一个人的兜里到了另一个人的兜里。在"零和博弈"之外还有"非零和博弈"，非零和博弈既有对抗又有合作，在这种状况下，自己的所得并不与他人的所失对等，即使伤害他人也可能"损人不利己"，同时博弈双方也存在"双赢"的可能，进而产生合作。在非零和博弈中，各参与者的目标不完全对立，对局表现为各种各样的情况。有时参与者只按自身的利害关系单方面作出决策，有时为了共同利益而合作，其结局收益总和是可变的，参与者可以同时有所得或有所失。

具体来说，非零和博弈又分为正和博弈与负和博弈。有这样一个故事：有人问传教士天堂和地狱有什么区别，传教士把他领进一间屋子，只见一群人围坐在一口大锅旁相互叫嚷着，虽然他们每人都拿着一把汤勺，但由于勺柄太长，他们无法将盛起的汤送到自己嘴里，所以只能眼睁睁地看着锅里的珍馐饿肚子。接着传教士又把他领进另一间屋子，同样的锅和同样的勺子，但所有人都吃得津津有味，原来他们用长长的汤勺互相喂给对方吃。此时传教士回答说："刚才你看到的那里就是地狱，而这里便是天堂。"在这个故事中，天堂与地狱分别上演的就是正和博弈与负和博弈。

博弈的结果有三种可能性，但作为博弈一方的你其实是可以掌控结局的。在上述的寓言故事中，如果狐狸看到狼在井口，心想我在井里受罪，你也别想舒服，它不是欺骗狼坐在桶里下来，而是让狼跳下来，那么最终结局将是狼和狐狸都身陷井中，这种两败俱伤的非零和博弈，我们称为负和博弈。反之，如果狼明白狐狸掉到了井里，动了恻隐之心，搬来一块石头放到上面的桶中，它完全可以利用石头的重力作用把狐狸拉上来。或者，如果狐狸担心狼没有这种乐于助人的精神，通过欺骗到达井口后再用石头把狼拉上来，这两种结局是两个参与者都没有被陷在井里，那么双方进行的就是一场正和博弈。

　　由此可见，博弈的结局是可变的，是零和博弈还是非零和博弈，完全取决于参与者所选择的策略。也就是说，当我们与人博弈时，最终的结果往往掌握在我们自己手中。因此，拥有博弈智慧的人可以掌握主动权，决定事情最终的结果。

如何吃透对手的心思，从而获得收益

博弈的关键在于什么？在于利益的驱动。在生活中，人们之所以会参与博弈，往往是因为受到某种利益的吸引。一切博弈均源于利益的争夺，利益的争夺是形成博弈的基础。参与博弈的各方形成相互竞争、相互对抗的关系，以争得利益的多少来决定胜负，一定的外部条件又决定了竞争和对抗的具体形式。如围棋对局的双方是在竞争棋盘上的空，战争的目的通常是争夺领土，古罗马竞技场中角斗士是为了争夺两人中仅有的一个生存权，武林中人的决斗常常是为了争夺名誉，而股市中人们所争的是实实在在的金钱。

在我们身边，如果有一种资源为人们所需要，且资源的总量是有限的，这时就会产生竞争，竞争需要有一个具体的形式把大家拉到一起，一旦找到了这种形式，竞争各方就会走到一起并开始一场博弈。

　　资源，尤其是稀缺资源的作用是巨大的，任何一个政府都明白这一点，因此各个国家都开始收紧自己的资源，同时加大购买稀缺资源的力度，一场场基于资源的大国博弈正在不断上演。美国并非石油生产大国，但其金融集团掌握着石油和大宗商品的定价权，从而为美国获取了巨大的经济利益。随着经济危机的深化，各个国家开始认识到定价权的重要性。要想获得定价权，必然要从本国自身的优势资源出发，通过控制核心资源的供给量以达到控制价格的目的。出于自身利益考虑，抬升自有核心资源价格是最佳策略。虽然各个国家开始重视掌握资源的定价权，但最终还是要通过交换来实现自身需求，石油作为资源中的关键，其影响已经渗透到了各个行业以及各个家庭，因此石油明显体现出了它的货币属性。随着各个国家基金交易市场的建立，其他资源产品也会步石油的后尘，体现出更多的金融属性。"石油美元"正是基于全球资源、利益博弈的产物。

　　那么，一场博弈的构成有哪些要素呢？我们可以从一个日常生活中的小例子来进行解释。

一对夫妻下班回到家中，吃完晚饭准备看电视。有一个频道在播放男士喜爱的英超足球赛，还有一个频道在播放女士喜爱的韩国爱情剧，但家里只有一台电视机，于是，一场争夺遥控器的博弈就展开了。

从上面的故事中，我们可以看到一个完整的博弈应当包括以下四个要素：

第一，博弈含有两个或两个以上的参与者。在博弈中存在一个必需的条件，即不是一个人在一个毫无干扰的环境中做出决策。博弈者的身边充斥着其他有主观能动性的决策者，他们的选择与其他博弈者的选择相互作用、相互影响，这种互动关系自然会对博弈各方的思维和行动产生重要的影响，甚至有时会直接影响博弈的结果。上述的例子中，如果只有一方回到家，那么博弈就不会产生。

第二，博弈要有被参与各方争夺的资源或收益。这里的资源指的不仅仅是自然资源，如矿产、石油、土地、水资源等，还包括各种社会资源，如人脉、信誉、学历、职位等。人们之所以参与博弈，是因为受到利益的吸引，预期将来所获得利益的大小直接影响到博弈的吸引力和参与者的关注程度。在上述案例中，资源或收益并不是电视机的所有权，而是在某一段时间内的使用权，如果夫妻双方对足球和爱情剧都没有特别偏好的话，那么任何一个节目都不会成为其争夺的资源。

第三，博弈参与者有自主选择的策略。所谓策略，指的是直接、实用地针对某一个具体问题所采取的应对方式，它是博弈参与者所选择的手段或方法。博弈论中的策略是对局势和整体状况进行分析，确定局势特征，找出其中的关键因素，为达到最重要的目标进行手段选择。博弈论中的策略是牵一发而动全身的，可以直接对整个局势造成重大影响。在上面的例子中，夫妻双方都可以选择对自己有利的切实可行的行动方案来解决眼前的困局，那就是他们各自的策略。

第四，博弈参与者拥有一定量的信息。信息是博弈论中的重要内容，在上面的例子中，如果夫妻俩没有从电视预报中获得信息：如果丈夫不知道有一个频道有足球赛，或是妻子不知道有一个频道会播放自己喜爱的爱情剧，那么他们之间的博弈也不会产生。

博弈是个人或组织在一定的环境条件与既定的规则下同

时或先后、一次或多次选择策略并实施，从而得到某种结果的过程。上述博弈会出现的情况不外乎三种：一是两人争执不下，干脆关掉电视机，谁也别看；二是男士看足球赛，女士到其他地方去看爱情剧，或是女士看爱情剧，男士到其他地方去看足球赛；三是其中一方说服另一方，两人同看足球赛或同看爱情剧。

从上述"男女伴侣博弈"的模型中我们可以了解到，博弈的实质就是利益之争，一场博弈的过程就是利用各种讯息破获对方的心思，然后权衡利弊智慧地出招，最终获得收益。

没有博弈就没有公平

也许有人会认为博弈是在教人耍心计，事实并非如此。历史证明，真正的公平来自博弈。我们之所以选择遵守社会契约，并非因为大家承诺要遵守它，而是因为它与每一个成员的利益相一致。公平公正的社会契约不是圣贤的功劳，而是经过充分的博弈，各方经过利益权衡最终妥协签订的。在诸多领域，没有博弈就没有程序正义和效率均衡，以及利益增进。

美国政治家约翰·杰伊提出了一个哥德巴赫猜想式的难题："过去的历史表明，将正义运送到每个人的家门口的益处是显而易见的，然而，如何以一种有益的方式做到这一点，就远不是那么清楚了。"是的，如何把正义、公平、财富等利益运送到每个人的家门口如今依然是个难题，但过去的历史已经表明，公平博弈、达成妥协是一种有益的方式。

任何游戏都有自己的规则，生活中的法律、道德和各种规章制度、惯例等也是如此。当然，这些规则也不是一成不变的，它会随着情况的改变和人们的要求不断修补，但只要规则存在，你就必须服从它，否则就要吃苦头。

其实从另一个角度来看，不仅老实遵守社会契约的人拥护着公平，那些企图通过非法手段获取利益的人对公平同样也作出了"贡献"。如果我能一下子弄到一大笔钱，为什么还要一分钱一分钱地挣？这种不劳而获的心理是普遍存在的，可为什么贪污没有成为社会的普遍现象呢？因为贪污会受到严厉的惩罚，与其冒险捞到一大笔钱进监狱，不如踏踏实实赚自己应得的钱。因此，违背规则将被严惩不贷的警醒从反面强化着社会公平。

银行大盗总有一些传奇色彩，可研究人类行为的社会学家告诉我们：抢劫银行可能是最不划算的行为之一，其成功率之低、风险之大、潜在的不确定因素之多，简直令人怀疑做这件事的人是否具备正常的理智。据统计，每1000起这类案件中真正得手的只有110起，并且抢到的钱也少得可怜，平均不到2000元。按照一位长期研究银行抢劫案的犯罪学专家的想法，银行大盗们不该被送进监狱，而是该被送进疯人院。

　　这是一个利益的世界，也是一个纷争的时代，在每一个涉及利益的领域，都需要博弈的陀螺转动起来。在利益纷争面前，公平博弈最终达成妥协的利益是最大的，概莫能外。社会公平来自博弈，而不公源自博弈的不充分。

做一个理性的"经济人"

博弈论中有一个基本的假定，即所有参与者都是理性的，即经济学术语中的"理性经济人"。"理性经济人"参与博弈的根本目的是通过理性的决策使自己的收益最大化，也就是在环境已知的条件下采取一定的行为使自己获得最大的收益。在这个竞争日益激烈的社会中，只有做一个"理性经济人"才能更好地生存下去。人要生存，必须同周围的人交际，在与人交际的过程中难免会有一些磕磕碰碰的事情发生，要想让自己的利益不受损失，就需要充分运用博弈技巧对事情进行周详的考虑，作出恰当的选择。

在人生或事业不顺时，如何快速突破困境？找到合理的策略是解决问题的关键。这个策略必须建立在一个坚实的基点上，而这个基点又必须是建立在对前途及周围所处环境等多方考虑基础上的，只有这样，你才能在人生的道路上顺利前行。

博弈论认为，存在利益冲突的竞争中，竞争结果依赖于所有参与者的抉择，每个参与者都企图预测其他人的抉择以确定自己的最佳对策。如果你不够理性，喜欢感情用事，就不可能作出对自己有利的决策。

在博弈时要注意两点：一是设身处地地考虑问题，即我们常说的换位思考，只有这样才能了解对方有哪些可能的策略，从而作出正确的决策。二是向前展望，倒后推理，即首先确定自己希望最后达到怎样的目标，然后从这个结果倒推，找出自己现在应该作出哪种选择才能以最小的代价达到既定的目标。

关于换位思考的重要性，我们以山羊博弈来说明。两只山羊相向而行，走上了只能通过一只山羊的独木桥。结果有四种可能：两只山羊互不相让，对峙在那里，或者两者相斗，结果两败俱伤——虽然这是谁也不愿意看到的。剩下两种可能是一退一进，但退者有损失（丢面子或消耗体力），谁退谁进呢？双方都不愿退让，也知道对方不愿退让。但把自己放在对方的位置上，如何才愿意退让呢？如果进的一方给退的一方以补偿（比如给若干捆干草），只要这种补偿与损失相当，就会有愿意退让的一方出现。如果双方都换位思考，它们可以就补偿进行谈判，最后达成以补偿换退让的协议，问题就解决了。

关于"向前展望，倒后推理"，我们用一个恋爱关系中的博弈案例来说明。一对恋爱中的情侣，男士爱看足球比赛，他希望女士陪他看足球，女士爱看芭蕾舞，她希望男士陪她看芭蕾舞。恰好一场精彩的足球赛和一场同样精彩的芭蕾舞同时进行。如果他们分别去看足球赛和芭蕾舞，双方都会觉得索然无味，这时双方博弈就是要使对方服从自己，这是双方的最终目标。

有了目标，我们再去看如何实现。较为现实的方法有三种：第一种是可信的威胁，告诉对方如果不一起去就另找朋友一起；第二种是领先策略，即先买好票再告诉对方，使对方不得不从；第三种是通过谈判给予对方补偿，答应给对方礼品，或者下次一定听从对方；等等。这三种策略中哪一种最好呢？这就取决于博弈者自身的条件。如果一方的条件明显优于另一方，可信的威胁就是成本最小的选择。如果双方条件相等，则可以在第二、第三种中任选一种。对各方来说，领先策略成本最小（无须补偿），如不行再谈补偿之事。这种从目标出发找出可能的策略，然后再确定具体策略的做法是在运用博弈论分析各种问题时经常采用的，它体现了以最低成本实现既定目标的经济学理念。

综上，我们可以看出，博弈最终要达成一个理想的结果，依赖于双方的理性思考。很多人误以为做一个理性人就是以自己的利益为重，千方百计实现自己的利益最大化，不顾他人死活。实现自己利益的最大化没有错，但不考虑对手的情况也不可取，博弈不是一个人的游戏，"理性"不代表置对方于死地，换位思考才是理性的表现。

你对抗的不是人性，而是纳什均衡

诺贝尔经济学奖获得者保罗·萨缪尔森说："你可以将一只鹦鹉训练成经济学家，因为它所需要学习的只有两个单词：供给与需求。"博弈论专家坎多瑞引申说："要成为现代经济学家，这只鹦鹉必须再多学一个词，这个词就是'纳什均衡'。"由此可见纳什均衡的重要性。

纳什均衡是博弈论的一个重要术语，以其提出者——美国数学家约翰·纳什的名字命名。在一个博弈过程中，无论对方如何选择，自己都会选择某个确定的策略，则该策略被称为支配性策略。如果任意一位参与者在其他所有参与者的策略确定的情况下，其选择的策略是最优的，那么这个组合就被定义为纳什均衡。

纳什均衡的思想就这么简单，在博弈达到纳什均衡时它是一个稳定的结果，就像把一个乒乓球放在一个光滑的铁锅里，不论乒乓球的初始位置在哪，它最终都会停留在锅底。

纳什均衡给我们的启示就是，现实生活中经常存在这样一种情况：当你的利益与他人的利益（尤其是与你关系亲密的人）发生冲突时，你要学会设法对其进行协调。如果现实不允许你最大限度地满足自己的利益，那么退而求其次总比让双方什么也得不到要强得多。毕竟你在这次博弈中所失的可能会在下次博弈中得到补偿。

下面我们以"夫妻春节回谁家"为例来阐释一下纳什均衡。

小东与小西是一对恩爱的夫妻，新婚的他们面临"春节回谁家过年"的选择。二人都是独生子女，且平素对父母都非常孝顺。小东希望回陕西与自己的父母一起过春节，而小西则希望回江苏与自己的父母一起过春节。有同事对一筹莫展的小西说："那还不好办？'各回各家、各找各妈'不就解决了？"可问题的关键在于，小东与小西很恩爱，分开各自回家过春节是他们最不愿意见到的情形。这样一来他们将面临一场在温情笼罩下的"博弈"。

假设二人回陕西小东家过春节，小东的满意度为10，而小西的满意度为5；如果回江苏小西家过春节，则小东的满意度为5，而小西的满意度为10；如果双方意见不一致，坚持各回各家，或者一赌气索性谁家也不去，则他们都过不好这个春节，满意度都为0，甚至为负数。

我们知道，在囚徒困境中，无论对方如何选择，自己选择的这一策略总是最有利的。可我们在上面的博弈中看不出哪一方有绝对的优势策略：回陕西过年不是小东的优势策略，因为如果小西坚持回江苏，他回陕西的满意度只能为0，而选择跟小西一起回江苏的满意度却为5。也就是说，对小东而言不存在"无论小西选择回陕西还是回江苏过年，我选择回陕西（或江苏）过年总是最好的策略"这一情况。同样的道理，小西也没有绝对的优势策略。在这个博弈中，小东只能看小西回江苏过年的态度有多坚决，然后再据此选择自己的策略；小西也是如此。

双方都回陕西过年，或双方都回江苏过年的选择是博弈中的纳什均衡状态。对双方而言，单独改变策略没有好处。比如两人约定一起回陕西过年，则小东的满意度为10，而小西的满意度为5，如果此时小西单独改变主意自己回江苏了，变成自己和小东各得0，对谁都没有好处；相反如果两人约定一起回江苏过年，则小西的满意度为10，而小东的满意度为5，如果此时小东单独改变主意自己回陕西过年，也会变成自己与小西各得0，同样对谁都没有好处。所以，两人一起回陕西过年或一起回江苏过年才是稳定的博弈对局，能取得一方绝对满意、另一方相对满意的结局。

通过上述分析我们可以发现，在这个博弈中最佳的选择是：如果小东坚持回陕西过年，那么小西最好也回陕西过年；如果小西坚持回江苏过年，那么小东最好也回江苏过年。这种情形是符合现实的：当夫妻中一方坚持己见时，另一方常常会迁就并作出让步。

由此可见，纳什均衡中所有的参与者都面临着这样一种情况：当其他人不改变策略时，他此时的策略是最好的。也就是说，此时如果他单独改变策略，他的收益将会降低。而在纳什均衡点上，每一个理性的参与者都不会有单独改变策略的冲动。

在"夫妻春节回谁家"的博弈中我们可以发现，在均衡点唯一的情况下，谁更"坚持"，谁态度更强硬，谁就有主导权。

现实生活中我们经常会看到这样一幕：当一个任性的孩子的某个要求没有被满足时，其撒手锏往往是大哭大闹。此时如果父母对孩子的哭闹采取强硬态度，不予理睬，通常情况下孩子哭一会儿也就"偃旗息鼓"了；如果父母采取软弱的态度向孩子"妥协"，而孩子发现这招能够奏效，以后再有要求不被满足时就会使出哭闹的招数，而父母只能一再地"妥协"下去。

我们可以看出，在这个博弈中的纳什均衡是强硬、妥协和妥协、强硬。即如果父母态度强硬，则孩子妥协；如果孩子态度强硬，则父母妥协。在这种情况下，如果父母树立起强硬的形象，他就可以在对孩子的管教中获得好处：即孩子发现自己哭闹的招数无法奏效后，自然也就无法以此胁迫父母满足其不合理的要求了。

多个纳什均衡点：中断的电话谁先打回去

在囚徒困境中，两人均不招供最有利。但由于两人无法沟通，于是都从各自的利益角度出发，依据各自的理性而选择了招供，这种情况就称为纳什均衡点。需要强调的是，纳什均衡不一定是博弈的最优结果。在囚徒困境中，唯一的均衡是一起招供，而站在群体的角度，这是最坏的结果。均衡只是博弈的最"稳定"结果，或者说是最可能出现的结果。那么，这就需要我们思考一个问题：如果这个"稳定"的结果效果不佳，我们能否找到合理的策略打破这个"均衡"？

在博弈中，纳什均衡点如果有两个或两个以上，结果就会难以预料。这对每个博弈参与者都是麻烦事，因为后果难料，行动也往往进退两难。在日常生活中，当遇到存在两个或两个以上纳什均衡点的博弈局势时，如果你懂得运用博弈思维去分析的话，局面对你来说就不会是进退两难了。

假如你正在和女友通话，电话中断了，但话还没有说完。这时你们有两个选择，马上打给对方，或者等待对方打过来。注意：如果你打过去，她就应该等在电话旁，把自家电话的线路空出来，如果她也在打给你，你们则只能听到忙音；另一方面，假如你等待对方打电话，而她也在等待，那么你们的聊天就无法继续下去。

一方的最佳策略取决于另一方会采取什么行动。这里又有两个均衡：一个是你打电话而她在一边等待，而另一个则恰好相反。其中一个解决方案是，原先打电话的一方负责再次打电话，而原先接电话的一方则继续等待电话铃声响起。这么做的好处是原先打电话的一方知道另一方的电话号码，反过来却未必是这样。另一种可能性是，假如一方可以免费打电话，而另一方不可以，那么解决方案是拥有免费电话的一方应该负责第二次打电话。还有一种比较常见的解决方案，是由较热切的一方打电话，比如一个煲电话粥成瘾的家庭主妇对谈话的热情十分高涨，而她的同伴未必这样，这种情况下则通常是由她打过去。再比如恋爱中的男女遇到这种情况，通常也是由主动追求者拨打电话。

　　假如不考虑以上因素，那么打这通电话又得用到"混合策略"了：设想双方都投硬币决定自己是否应该给对方打电话。根据前面给出的条件，两人这种随机行动的组合成为第三个均衡。

　　假如我打算给你打电话，我有一半概率可以打通（你恰巧在等我打来电话），还有一半概率发现电话占线；假如我等你打来电话，那么我同样会有一半概率接到你的电话，因为你有一半概率主动给我打来电话。每一个回合双方完全不知道对方将会采取哪种行动，他们的做法实际上对彼此都是最理想的，因为双方只有一半概率重新开始被打断的电话聊天。

枪手博弈：决胜负不一定靠实力

博弈论中有一个经典的模型——枪手博弈。模型的情境是这样的：甲、乙、丙三个枪手进行生死决斗，甲枪法最好，十发八中；乙枪法次之，十发六中；丙枪法最差，十发四中。假如三人同时开枪，谁活下来的机会大一些呢？你也许会认为是甲，因为他的枪法最准，但真实的结果可能会让你大吃一惊——最可能活下来的是枪法最糟糕的丙。

让我们用博弈学来分析一下各个枪手的策略。首先是枪手甲，对他来说，第一枪要瞄准的肯定是枪手乙，因为乙对甲的威胁最大，所以甲应该首先干掉乙，这是他的最佳策略。同样的道理，枪手乙的最佳策略是第一枪瞄准甲。很明显，乙一旦干掉甲，如果他在这一轮活下来的话，下一轮和丙对决他的胜算较大。相反，如果他先打丙，即使活到下一轮，他与甲对决也是凶多吉少。显然，枪手丙的最佳策略也是先对甲开枪。因为不管怎么说，乙的枪法毕竟比甲差一些，如果他能干掉甲进入下一场对决的话，与乙对决存活下来的机会总比与甲对决大一些。于是乙与丙都把枪对准了甲，而乙此时也成为甲的目标。结果第一阵乱枪过后，甲、乙两人能活下来的机会少得可怜，而水平最差的丙存活的概率最高，因为没有人朝他开枪。

如果甲、乙两人中有谁幸运地在第一轮中活了下来，在下一轮对决中此人也并非十拿九稳，毕竟丙还有一定的机会。通过计算我们可以发现，丙在两轮过后的生存概率仍是最大的。这真是一个神奇的结果。

在复杂的社会环境中，成为强者是每个人的追求，但枪手博弈却告诉我们：经过残酷的竞争，有时最后生存下来的并不是强者，反而是弱者。

在同一家公司中，有三个人格外突出，A销售业绩突出，连续三年打破了公司的销售纪录；B思维敏捷，公关能力强，总是能处理好突发事件；C做事认真负责，能及时完成领导布置的任务。这三人都深受领导好评，但相对而言，A是这三个人中能力最强的，C的能力最弱。

一次公司要进行人事变动，想要从这三人中挑选一位提拔为公司经理。此时所有同事都认为A最有希望获得提拔，而C的可能性最小。但最终的结果却出乎所有人意料，恰恰是能力最差的C当选经理一职。

原来C一向不与人争，在众人面前和颜悦色，因此A和B都没有把C当成竞争对手，并忽略了他的存在。当A和B为争取经理一职斗得不可开交时，C却发挥出了超乎寻常的表现，这让昔日的领导对他刮目相看，尤其对C在这次职位竞选中的洒脱表现大为欣赏。因此，平日里看起来工作能力并不十分出色的C在关键时刻的超常发挥却促成了他最终的成功。

这个例子恰好证明了枪手博弈的规则：一个人在竞争中的胜出机会不仅取决于其能力的大小，还要看他在竞争格局中的微妙地位。如果威胁性太大，最好学会掩藏自己的实力。作为强者，不可忽视弱者的存在；作为弱者，要学会保存自己的实力，等待属于自己的时机。强者锋芒毕露，很容易成为别人首先攻击的靶子，如果不懂得掩盖自己的锋芒，当你对别人构成威胁时，别人肯定会将矛头指向你。在中国历史上有许多能力非凡、本领高强的功臣由于自身的能力和声誉威胁到了皇权，最终走向了悲剧的结局，汉朝的周亚夫即为此例。

一次，汉文帝到周亚夫所在的细柳军营慰劳将士，浩浩荡荡的皇帝车驾却在周亚夫的营前吃了闭门羹。守门的营军说："军中只有将军的命令，不知有天子的诏书！"文帝只好派出使臣到军营中向周亚夫宣诏："天子圣驾亲来劳军。"周亚夫这才传令打开营门。

入得营内，周亚夫也没向皇帝行大礼，只是躬身一揖，说："军营之中，甲胄在身，请允许以军礼叩见！"威严的军纪让汉文帝大为赞叹："这才是真正的将军啊！有这样的军队，谁能侵犯得了啊！"由于周亚夫治军严明，使得匈奴对汉一直不敢轻举妄动。

一朝天子一朝臣，汉景帝即位后，周亚夫虽屡立军功，却因坚持己见得罪了景帝的弟弟梁王，进而得罪了窦太后，这使景帝对其心存不满。随后，周亚夫因直言劝谏景帝废立太子，使景帝很没面子，又因他以宰相身份劝阻景帝随意封侯，汉景帝一怒之下便免了他的宰相职务。

英国生物学家达尔文说："并不是最强壮的物种可以生存，也不是最有智力的物种可以生存，而是对变化最具反应性的物种可以生存。"这个道理同样适用于人类。强与弱是相对的，唯有在多方制衡中洞悉自己的处境，然后进行理性的分析，作出最有利于自己的决策并行动，才能取得最终的胜利。

在枪手博弈的模型中，越是实力强大的枪手，能够活下来的概率越小，这显然是一个强者的悲剧。那么，强者在参与类似枪手博弈的竞争时，要如何才能扭转局面呢？

许多生活中的事例都证明，弱者在面对强大的威胁时，要想保住自己最好的方法就是与同为弱者的另一方结成同盟。同样的道理，在强强对垒中，强者要想扭转这种两败俱伤的局面，最好的办法也是与弱者结盟。

在中国历史上，蒙古联合南宋灭金就是一个很好的例子。南宋末年，处于北方的蒙古军事实力最强，金国次之，南宋最弱。本来对南宋来说和金国结盟帮助金国抵御蒙古的入侵才是上策，或者至少保持中立。但基于对金国灭亡北宋、俘虏徽钦二帝的仇恨，当时的南宋朝廷采取了和蒙古结盟的政策，先是稀里糊涂地同意了蒙古王子拖雷借道宋地伐金的要求，随后又与蒙古夹击金国。但金国灭亡之后，相同的命运很快就轮到了南宋。1279年，南宋灭亡于蒙古的铁蹄之下。如果南宋当时的执政者有战略眼光，能够摒弃前嫌与金国结盟对抗强大的蒙古，也许南宋和金国都不至于很快被灭亡。

上述故事中蒙古的执政者无疑是一个颇具博弈智慧的高手，他知道，如果仅凭蒙古的实力去攻打金国，不但要耗费巨大的人力、物力和财力，还有可能落得个"鹬蚌相争，渔翁得利"的结局。唯有联合实力最弱的南宋，才能轻而易举地消灭金国，等回过头来再收拾弱小的南宋就不费吹灰之力了。

从枪手博弈中我们看到，在一个有弱者、次强者、强者的三方对决中，如果次强者水平较高，弱者最好挑起强者之间的争斗，自己袖手旁观坐收渔翁之利；如果次强者水平较低，那么弱者为了争取更大的生存机会，就应当先帮助次强者一起对付强者。否则一旦让强者消灭了次强者，那么弱者也将自身难保。反之，强者为了避免弱者与次强者采取联盟的策略，更为了避免自己与次强者形成两败俱伤的局面，就应该想方设法拉拢对自己威胁最小的一方，从而实现胜出的目的。

猎鹿博弈：如何实现利益最大化

"猎鹿博弈"是博弈论中的一个博弈模型，它的理论最初来源于法国启蒙思想家让–雅克·卢梭在其著作《论人类不平等的起源和基础》中的论述，他所描述的个体背叛对集体合作起阻碍作用的过程被学者称为"猎鹿博弈"。

猎鹿博弈讲的是：在原始社会，人们靠狩猎为生，为了使问题简化，假设村庄里有两个猎人，主要猎物有两种——鹿和兔子，如果两个猎人齐心协力，他们就可以共同捕得1头鹿。要是两个猎人各自行动，仅凭一个人的力量是无法捕到鹿的，但可以抓住4只兔子。从填饱肚子的角度来看，4只兔子可供一个人吃4天；1头鹿被两个猎人平分可供每人吃10天。也就是说，两个猎人的行为决策是这样的博弈形式：要么分别打兔子，每人得4；要么合作，每人得10（平分鹿之后的所得）。如果一个去打兔子，另一个去打鹿，则前者收益为4，后者只能是一无所获，收益为0。在这个博弈中，要么两人分别打兔子，每人吃饱4天；要么一起合作，每人吃饱10天，这就是猎鹿博弈两种可能的结局。

通过比较，明显的事实是，两人一起去打鹿的好处比各自打兔子的好处要大得多。用一个经济学术语来说，两人一起去猎鹿比各自去打兔子更符合帕累托最优原则。维尔弗雷多·帕累托是意大利经济学家，他提出了"帕累托最优"这个理念。帕累托最优指的是资源分配的一种理想状态，一旦达到了这种理想状态，如果要使某些人的处境变好，就必定要使另外一些人的境况变坏。换句话说就是，你的得到是以他人的失去为代价的。在某种意义上我们可以认为帕累托最优是一个兼顾公平与效率的"理想王国"，相反，如果还可以在不损害其他人的利益的情况下改善某个人的处境，我们就可以认为资源尚未被充分利用，这时就不能说已经实现了帕累托最优。

在猎鹿博弈中，两人合作猎鹿的收益比分别猎兔具有帕累托优势，但这种情况是假设双方平均分配猎物，也就是说，两个猎人的能力和贡献差不多，所以双方均分猎物。但实际情况并不一定如此。如果其中某个猎人的能力强、贡献大，他就会要求得到较大的一份，这样分配的结果就可能是（14，6）或（15，5）。但有一点是可以肯定的，能力较差的猎人的所得至少要大于他独自打猎的所获，否则他就没有合作的动机。

假设猎人甲在猎鹿的过程中几乎承担了全部的工作，他据此要求最后的分配结果是（17，3），这时相对于分别猎兔的收益（4，4），合作猎鹿就不具有帕累托优势。虽然17比4多，17+3也比4+4大得多，猎人总体收益改善了很多，但由于3比4小，猎人乙的境遇不仅没有改善，反而恶化了，也就是说，他的收益受到了损害。所以站在乙的立场，（17，3）没有（4，4）好。如果合作的结果是这样，那么乙一定不愿合作。所以，为了实现帕累托最优，就必须充分照顾到合作者的利益，使其收益大于不合作时，他才会愿意选择合作，从而实现双赢的最佳结局。

猎鹿博弈告诉我们，双赢的可能性是存在的，而且人们可以通过采取各种举措达成这一局面。但是有一点需要注意，为了让大家都赢，各方首先要做好有所失的准备。在一艘将沉的船上，我们所要做的不是把人一个接着一个地抛下船去减轻船的重量，而是大家齐心协力将漏洞堵上。因为谁都知道，前一种做法的结果是大家都将葬身海底。

这个故事告诉我们双赢才是最佳的局面，合作是利益最大化的武器。在全球化竞争的时代，共生共赢才是企业的首要生存策略。为了生存，博弈双方必须学会与对手共赢，把社会竞争变成一场双方都能得益的"正和博弈"。

酒吧博弈：决策高手都在用的反向思维

"酒吧博弈"是布莱恩·亚瑟1994年在《美国经济评论》上发表的一篇文章中提出的。他是美国斯坦福大学经济学教授，同时还是著名的圣塔菲研究所研究人员。

酒吧问题是这样的：假设一个小镇上总共有100人，他们每个周末都要去酒吧活动或是待在家里。这个小镇上只有一间酒吧，能容纳60人。并不是说超过60人就禁止入内，而是酒吧设计接待人数为60人，只有60人时酒吧的服务最好，气氛最融洽，最能让人感到舒适。第一次，100人中的大多数都去了这间酒吧，导致酒吧爆满，他们没有享受到应有的乐趣，多数人抱怨还不如不去，那些选择不去的人反而庆幸自己没去。第二次，很多人在去之前根据上一次的经验认为人多得受不了，决定还是不去了。结果呢？因为多数人决定不去，所以这次去的人很少，去的人享受了一次高质量的服务，没去的人知道后又后悔了：这次应该去呀。

小镇上的人应该如何作出去或是不去的选择，这就是著名的酒吧问题。酒吧问题是一个典型的动态群体博弈模型，前提条件还作了如下限制：每一个参与者已知的信息只有以前去酒吧的人数，因此只能根据以前的历史数据归纳出此次行动的策略。没有其他信息可供参考，他们之间也没有信息交流。在这个博弈中，每个参与者都面临着这样一个困惑：如果多数人预测去酒吧的人数超过60而决定不去，那么酒吧的人数反而会很少，这时作出的预测就错了。反之，如果多数人预测去酒吧的人数少于60而去了酒吧，那么去的人会很多，超过了60人，此时他们的预测也错了。

也就是说，一个人要作出正确的预测，他必须知道其他人如何作出预测。但在这个问题中，每个人的预测所根据的信息来源是一样的，即过去的历史经验，并且不知道别人当下是如何作出预测的。

从理论上讲，的确如上述所言，但实际情形是怎样的呢？亚瑟教授通过计算机模拟实验得出了另一个结果：最初去酒吧的人数没有固定的规律，但经过一段时间后这个系统去与不去的人数之比接近60∶40，尽管每个人不会固定地属于去或者不去的人群，但这个系统的比例是不变的。如果把计算机模拟实验当作更为全面、客观的情形来看，这个实验的结果说明的则是更为普遍的规律。

实际上混沌系统的行为是难以预测的。对于酒吧问题，由于人们根据以往的历史经验来预测之后去酒吧的人数，然而过去的历史是随机的，因此未来本就不可能是一个确定的值。

酒吧问题所反映的是这样一个社会现象，人们在很多行动中要猜测别人的行动，却没有足够的关于他人的信息，因而只能通过分析过去的历史来预测未来。通常人们根据过去的经验进行归纳得出策略的做法固然可行，因为人们没有其他更好的方法预见未来，在实际生活中人们确实也往往凭历史经验做事。但是既然未来不可预测，历史经验也就无法真正为我们提供准确的依据。

第二章

囚徒困境：人性的底层逻辑

双方抵赖、供出对方还是双方坦白

在博弈论中有一个广为流传的故事叫"囚徒困境"。1950年，数学家艾伯特·塔克任斯坦福大学客座教授，在给一些心理学家作讲演时，他用两个囚犯的故事将当时专家们正在研究的一类博弈问题做了形象化的解释，从此以后类似的博弈问题便有了一个专门的名称——"囚徒困境"。

"囚徒困境"的原故事大体如下：某日，一位富翁在家中被杀，财物被盗。警方在侦案过程中抓到两个犯罪嫌疑人甲和乙，并从他们的住处搜出被害人家中丢失的财物，但他们都否认曾杀过人，辩称是先发现富翁被杀，然后只是顺手牵羊偷了点东西。警方虽然怀疑他们有作案嫌疑，但没有掌握确切的证据，于是警方将两人进行隔离审讯，由地方检察官分别与甲和乙单独谈话。检察官说："由于你们的偷盗罪已有确凿的证据，所以可以判你们1年刑期。但根据控辩交易制度，如果你坦白并揭发同伙杀人的罪行，我将判你无罪释放，但你的同伙要被判刑30年。如果你拒不坦白而被同伙检举，那么你将被判刑30年，他被判无罪释放。如果你们两人都坦白交代，那么，你们都要被判15年。"

甲和乙该怎么选呢？他俩面临着两难的选择——坦白或抵赖。显然最好的策略是双方都抵赖，结果大家都只被判1年。但由于两人处于隔离的情况且无法串供，所以每个人都会从利己的目的出发，选择坦白交代的最佳策略。因为如果自己坦白交代，对方抵赖的话，有可能无罪释放，即使对方也坦白交代，至多也只判15年。而如果自己选择抵赖，对方选择坦白的话，那么自己就得坐30年牢，对方却会被无罪释放，这显然是最不划算的。出于同样的动机，彼此会考虑到对方选择抵赖的可能性是很小的，所以谁也不会去冒这个险。所以，两人合理的选择是都坦白，原本对双方都有利的策略——抵赖反而不会出现。

这就是经典的囚徒困境。从整体利益考虑，如果两个参与者都选择合作，总体利益将更高。但二人均只追求自己的个人利益，均衡状态是两个囚徒都选择背叛，结果二人判刑均比选择合作的结果更重，也就是总体利益较合作低。这就是"困境"所在。

囚徒困境被看作是博弈论的代表性案例，不仅因为其简单易懂，还在于它的现象在日常生活中广泛存在。

现代社会中，虽然许多人都明白"背叛"并不能使自己获得最大收益，却仍要选择"背叛"，这都是利益使然。现实中很容易找到囚徒困境的例子。两国之间的军备竞赛可以用囚徒困境来描述。两国都可以声称有两种选择：增加军备（背叛），或是达成削减武器协议（合作）。两国都无法确定对方会遵守协议，因此两国最终都会倾向于增加军备。自相矛盾的是，虽然增加军备是两国的"理性"行为，但结果却显得"非理性"。

两个行业顶尖的大公司打广告战也是一种囚徒困境。若双方同时期发出质量类似的广告，收入增加很少但成本增加很多。但如果不提高广告质量，生意又会被对方抢走。双方有两个选择：互相达成协议，减少广告的开支；增加广告开支，设法提升广告的质量压倒对方。若两个公司不信任对方，选择"背叛"为支配性策略，双方将陷入广告战，而广告成本的增加便会进一步损害他们各自的收益，这就陷入了囚徒困境。

囚徒困境告诉我们，囚徒要想获得最大利益，唯有订立"攻守同盟"，都选择抵赖，但前提条件是：双方的交流不存在阻隔，且双方的关系是反复博弈而非一次性博弈。

背叛的代价：囚徒困境中的道德成本

在囚徒困境中，除了利益的考验，还有道德的考验。囚徒选择背叛，是想获得利益的最大化，但如果双方是朋友，损失的就是友谊。博弈学发轫于经济学，我们知道，经济学总是从物质利益出发的，但现实生活中我们不得不考虑物质利益之外的东西。

春秋时期，贫士玉戢生与三乌丛臣二人相交甚好，由于没有钱，他们就以品性互勉。玉戢生对三乌丛臣说："我们这些人应该洁身自好，以后在朝廷做官，绝不能趋炎附势而玷污了纯洁的品性。"三乌丛臣说："你说得太有道理了，巴结权贵绝不是我们这些正人君子所为。既然我们有共同的志向，何不现在立誓明志呢？"于是二人郑重发誓："我们二人一致决心不贪图利益，不被权贵所诱惑，不攀附奸邪的小人而改变我们的德行。如果违背誓言，就请明察秋毫的神灵来惩罚背誓者。"

后来，他们二人一同到晋国做官。玉戟生又重申以前发过的誓言，三乌丛臣说："过去用心发过的誓言还在耳边，怎能轻易忘记呢！"当时赵盾执掌晋国朝政，人们争相拜访赵盾，以期能得到他的推荐，从而得到晋国国君的赏识。赵盾的府邸前车子都排了很远。这时三乌丛臣已经后悔，他很想结识赵盾，想去赵盾家又怕玉戟生知道，几经犹豫后，决定早起去拜访。为避人耳目，鸡刚叫头遍他就整理好衣冠，匆匆忙忙去拜访赵盾了。进了赵府的门，却看见已经有个人端端正正地坐在正屋前东边的长廊里等候了，他走上前去举灯一照，原来是玉戟生。

这个故事为我们引出了囚徒困境的另一个哈姆雷特式的问题：忠诚还是背叛？在很多现实性博弈中我们都会遇到这个问题，当道义和利益产生冲突时，大部分人都很难作出选择，好不容易作出抉择后又会背负上沉重的道德包袱。从囚徒困境来看，玉戟生与三乌丛臣之举实属正常。在囚徒困境中，每个人都根据自己的利益作出决策。首先，赵盾的权势对玉戴生与三乌丛臣而言是不可忽视的外在资源，能否得到赵盾赏识将决定他们的仕途。这种情形下，巴结赵盾与不巴结赵盾的选择就与二人的现实利益息息相关，对二人而言，无论对方如何选择，自己只要选择巴结赵盾，就有可能升官。

我们不能说趋炎附势是性格软弱导致的惯性举止，实际上它是为了维护自身利益进行的一种博弈选择。如果他们信守誓言，可能很难获得升迁；而背叛誓言则有可能得到现实利益。因此，在没有良性竞争的机制约束下，背叛无疑是利益最大化的选择。因为如果自己坚守，而又没有一种机制能保证对方也同样坚守，那么坚守者就有可能成为被牺牲的傻瓜。

义利冲突自古就是难题。孔子说："见利思义。"利益是人所希望获得的，但不能见利忘义。对此，孔子讲了春秋时齐景公的例子。齐景公本是一位继齐桓公之后可能使齐国再度称霸的君主，但他后来奢侈腐化，做了许多不仁不义之事，所以齐景公死的时候尽管有马四千匹，可民众却找不出他有什么德行可以称颂。义利冲突是我们每个人都无法回避的问题，想要摆脱囚徒困境，我们在考虑利益最大化的同时必须加上自己的道德成本。

公地悲剧：当人性脱笼而出

现实中的博弈参与者往往有很多，在多方参与的囚徒困境中，集体性背叛有时会带来可怕的悲剧。为了证明这一点，美国一位教授让自己班上的27名学生进行了一场博弈游戏。游戏规则如下：

假设每个学生都拥有一家企业，现在他们必须决定自己应该选择生产高质量商品来帮助维持较高价格，还是选择生产假货来通过别人所失换取自己所得。第一种选择记①，第二种选择记②。这个游戏的收益计算方法为：设选择①的学生人数为x，则选择①的学生所得收益为0.04x美元/人，选择②的学生所得收益为（0.04x+0.5）美元/人。这个设定有其现实意义：生产假货的成本要比生产高质量商品的成本低。但选择②的人越多，他们的总收益就会越少，这也符合现实：

假货越多，越会使市场变得混乱，导致产品信誉降低。假设全体27名学生一开始都打算选择①，那么他们各得1.08美元。假设有一个人打算偷偷改变决定，选择②，那么选择①的学生就有26名，各得1.04美元，比原来少了4美分，但那个改变主意的学生能得到1.54美元，比原来多了46美分。

实际上不管最初选择①的学生总数是多少，结果都一样，选择②是一个优势策略。每一个改选②的学生都会多得46美分，同时会使他的26个同学分别少得4美分，结果全班收入会少得58美分。等到全体学生一致选择自私的策略，尽可能使自己的收益达到最大，他们将各得50美分。反之，假如他们联合起来，不惜将个人的收益减至最小，他们将各得1.08美元。

演练这个博弈游戏时，起初不允许集体讨论，后来允许一点讨论，以便达成"合谋"，结果愿意合作而选择①的学生总数在3~14不等。在最后的一次带有协议的博弈里，选择①的学生总数是4，全体学生的总收益是15.82美元，比全体学生合作得到的收益少了13.34美元。

这个博弈游戏在现实中也很具有代表性。美国生态经济学家加勒特·哈丁提出的公地悲剧就是一例。

一个古老的村庄有一片向所有牧民开放的牧场，当牧民养牛的数量超过牧场的承受能力时就会导致牧草资源逐渐被耗尽。尽管草地的毁灭最终会使每个人的利益都受到损害，但每个人计算的仅仅是自己增加一头牛的收益会大于自己所付的成本，因而会尽可能地增加牧牛的数量。这使得每个牧民在追求自身利益最大化的过程中，实际上在损害着包括自己在内的每个人的最大利益，最终结果是所有牧民的牛均被饿死。

这就是公共地悲剧，也称"公地悲剧"。用一句话概括就是："公地悲剧是指，凡是属于多数人的公共财产常常是最少受人照顾的事物。"再例如渔业，公海中的鱼是公共的，而在"自己不滥捕其他人也会滥捕"的思想支配下，渔民会没有节制地大捞特捞，结果海洋生态遭到破坏，渔民的生计也相继受到影响（共同背叛的结果）。

哈丁在另外一篇重要且具有影响力的文章中提到，不加限制的个人选择可能会给社会带来灾难。在一个信仰平民自由的社会，每个人都在无限制地追求自己的最大利益，因而毁灭将成为大家无法逃脱的命运。哈丁按照这一思路讨论了人口爆炸、污染、过度捕捞和不可再生资源的消耗等问题。他的结论是，世界各地的人民必须意识到有必要限制个人作出这些选择的自由，接受某种"一致赞成的共同约束"。

对公地悲剧的防止有两种办法：一是在制度上约束，二是在道德上约束。

所谓制度的约束，即建立中心文化的权力机构。例如，在河水污染问题中，每个企业都会为了使自身收益最大化而无限制地向公共河流中排放污水，每个人也会因为只考虑自己的方便而向河水中乱扔污物。对此，公共管理机构可以通过某种制度将河水的清污费用"内化"为企业的成本，或是通过制裁措施增加个人污染河水的代价。因为如果没有这样的公共管理措施，公共河流就会像前面所说的公用牧场一样被人们共同破坏掉。

不同情况下公地悲剧可能会演变为一个多人囚徒困境（每个人都养了太多的牛）或一个超出负荷的问题（太多人都想做畜牧者）。对此经济学家最喜欢的解决方案是确立产权，这也是15、16世纪在英格兰真实出现的事情：公有土地被围起来落入当地贵族或地主手里，地主可以收取放牧费，使其租金收入最大化，从而减少畜牧者对土地的使用。此举改善了整体经济效率，同时也改变了收入的分配——放牧费使地主变得更富有，使牧民变得更贫穷。

这一规定在其他场合并不适用。公海的产权很难在缺少国际政府的前提下确定并执行，控制携带污染物的空气从一个国家飘向另一个国家也是一个难题。基于同样的理由，捕鲸和酸雨问题都要借助更直接的控制才能得到处理，但制定一个必要的国际协议却很难。

正如哈丁提到的那样，人口是一个更加艰巨的难题。决定要生几个孩子似乎是父母的个人自由，但如果人们都倾向于多生小孩，就会造成人口爆炸。就一个国家而言，最重要的公共资源是国防、教育、基础设施和其他政府部门，政府责无旁贷要用好来自纳税人的钱，把文化教育、社会保障、基础设施和国防公安等事情做好。社区要有专人协调管理，把身边看起来琐碎但做不好却有损工作和生活环境的事情做好。只有如此，我们才能走出公地悲剧。

找到第三条路：两难之外的答案

在博弈中我们常常会遇到两难的囚徒困境，但我们的选择未必要局限在两种选择之中，一旦思路打开，我们就可以找到第三条道路。

一个星期天，小梁工作的公司因为要对模具部门的工模进行盘点而安排了加班。小梁是盘点的主要负责人，他事先对盘点事项做了详细的安排，一上班就和同事们一起在闷热的车间里忙碌，有条不紊地进行着各项工作。不知什么时候部门经理来到车间，看了小梁的工作步骤后断然说："停下来，停下来！"然后又指点他应该如何做，小梁跟经理解释说自己的方法是怎样的，这也是他多年来的经验积累，并且大家都已经熟悉了这种方法，工作进行得很好，经理的指示虽好，但用于模具盘点并不合适。经理听后立刻阴沉了脸，非常冷静地命令小梁必须按他说的去做。因为经理的指示里有明显的漏洞，小梁觉得自己有理，于是据理力争，一场激烈的争吵不可避免地发生了。最后小梁对经理说："既然你那么坚持，那你就让他们按照你说的去做吧，我不想这样做。"说完小梁就离开了车间。

由于经理的提议在实际工作中根本行不通，最后还是遵循了小梁的方法。事情过去后小梁还是像以前一样工作，经理也没再追究，这件事似乎渐渐被人们淡忘了，只是每逢公司有加薪或晋升时，小梁总是靠边站。

当小梁又一次与经理在办公室门口碰面时，经理意味深长的眼光让小梁猛然醒悟到：其实这件事情并没有过去，至少对经理而言是这样。于是小梁选择了离开。

离开公司的那天，小梁平静地跟经理谈了自己离开的想法和原因，然后客气地相互祝愿，但临走的一刻他还是忍不住问经理："我一次次晋升无望是不是因为那件事？"经理有点尴尬地说："你要记住，没有哪个上司愿意被人顶撞，哪怕只有一次！"

　　小梁的方法是正确的，最后经理还是采用了他的方法，但在实施自己的提议前经理并不知道自己的方法行不通，只知道手下要服从命令。其实小梁完全可以换另外一种方式去解决，比如不要当着众人的面反驳经理，让经理下不来台，也可以按照经理说的去做，等到行不通时经理自然就知道自己的方法是不切实际的。但小梁没有理智地去思考，在不恰当的场合贸然顶撞上司，并发生争吵，这是非常不成熟的行为。因此小梁与晋升和加薪无缘也是意料之中的事了。

　　生活中有许多像小梁这样的人，为了坚持自己的观点不惜与上级公然对抗。在生活和工作中认真是必要的，但如果认真过了头，只凭一时的冲动行事，就会让自己落入不利的局面。面对强势的人，想要坚持自己的原则，又不想对自己产生不利的影响，就要学会采取更加智慧的方式，在对抗与屈从之间寻找另一条出路，在给足别人面子的同时又捍卫了自己的权益。

　　戴尔·卡耐基说："无论对方的才智如何，你都不要存在靠争论改变任何人的想法。从争论中获胜的唯一秘诀是避免争论。"真理都是不言自明的，无须过多的争论，真正需要花费心思的，是用怎样的行动来坚持真理。

如何突破生活中的囚徒困境

囚徒困境告诉我们：如果你总是想赢对方，结果可能得不偿失，因为对方也会全力反击，最终造成"两败俱伤"的结局。而且敌对关系一旦形成，双方都难以全身而退。这时即使双方都没有继续对抗下去的意愿，也只能咬牙坚持。这真是对人类理性的一大嘲弄。

如何突破生活中的囚徒困境，这里有三个建议。

首先，不要嫉妒。人们习惯考虑零和对局，在这种情况下，一个人赢，另一个人就输。为了能赢，参赛者必须在大部分时间里做得比对手更好。我们要知道，生活中的博弈大多都是非零和的，双方完全可以都做得很好。

在博弈中人们倾向于采用相对的标准，这个标准通常会把对方的成功与自己的成功对立起来。这种标准容易导致一方产生嫉妒心理，并企图抵消对方已经得到的优势。在囚徒困境中，抵消对方的优势只能通过背叛来实现，但背叛通常会导致更多的背叛和对双方的惩罚，因此嫉妒意味着自我毁灭。

要求自己比对方做得好不是一个很好的标准，除非你的目的是消灭对方。在大多数情况下这个目的是不可能实现的，因此，在一个非零和的世界里你没有必要非得比对方做得更好，尤其是当你和许多不同的对手打交道时更是如此，只要你自己能做好就没有理由去嫉妒对方的成功。这一点对职场人颇有警示意义。

在求职时，很多年轻人希望自己表现得比其他人更优秀，当看到别人条件很好却还来跟自己抢同一个职位时就会很嫉恨。而在升职的关头年轻人更是喜欢抢风头，如果遇到优秀的竞争对手还会因嫉妒而搞破坏。事实上这是一种不正确的博弈表现，而企业也未必只要"优秀"的人，他们更需要的是适合的人，你完全没有必要因为别人在某一方面比自己厉害就产生嫉妒情绪。

其次，不要率先背叛。只要对方合作你也合作就会有好处。当然，你也可以尝试先背叛，直到对方合作你再开始合作。然而这实际上是一个很有风险的策略，因为你最初的背叛很可能会引起对方的报复，并使你处于要么被占便宜要么双方背叛的两难境地。如果你惩罚对方的报复，这种循环就会一直延续下去。

最后，不要耍小聪明。在囚徒困境中人们更容易耍小聪明，然而复杂的策略并不比简单的规则更好。事实上，这些策略的共同问题是，使用一些复杂的方法来推断对方，而这些推断常常是错误的。这些策略没有考虑到自身的行为会引起对方的变化。对方对你的行为是有反应的，对方将会把你的行为看作你是否回报合作的信号，因此你的行为将会"反射"到你的身上。试图使收益最大化的策略，实际上是把对方看作环境中不变的部分而忽略了相互的作用，不管你在有限的假设下所做的算计有多么聪明，如果你离开双方相互适应的简单原则，那么你的聪明也是不会有好结果的。

另一个过分"聪明"的方法是使用"永久报复"的策略，这个策略是只要对方合作他就合作，一旦对方背叛一次，他就决不再合作。由于这个策略的出发点是善良的，在与其他善意的策略相遇时将会获得很好的结局，并且与那些完全随机的策略相遇时收益也不错，但在与那些偶尔背叛但准备一旦受到惩罚就撤回的策略相比，它太快放弃了合作。"永久报复"看起来似乎很聪明，因为它在很大程度上避免了背叛，但它显然太严苛了。

当然，在许多事务中，一个使用复杂策略的人可以向对方解释每一个选择的理由。然而，新的问题出现了：对方可能会怀疑你所提供的这些理由，并把每个不可预测的策略看作是不可改造的，结果自然会导致背叛。

重复博弈：所有诚信都有利可图

所谓重复博弈，是指将一个博弈重复进行下去。我们知道，在单个囚徒困境博弈中，双方采取对抗的策略可以使个人的收益达到最大化。假设甲、乙二人进行博弈，甲、乙均采取合作策略，双方的收益均为50元；甲合作，乙对抗，则甲的收益为0元，乙的收益为100元；乙合作，甲对抗，则甲的收益为100元，乙的收益为0元；甲、乙二人均对抗，则双方收益均为10元。

由此我们可以得出，如果双方都合作，每个人都将得到50元，而如果双方都对抗，则各自只能得到10元。那么人们为什么会选择对抗而不是合作呢？原因就在于这是一个一次性博弈的囚徒困境——既然无论对方选择什么，我选择对抗总是最优策略，那么作为一个"理性经济人"，我自然会选择对抗。

的确，就一次性博弈来看，（对抗，对抗）是必然的结果。但如果甲、乙具有长期关系（比如他们是生意上的长期合作伙伴），那么情况则会有所改观。因为我们可以做如下推理：如果双方一直对抗，那么大家每次都只能获得10元的收益；而如果合作，则每次都可以得到50元。最重要的是，假定甲选择合作而乙选择对抗，那么乙虽然在这一次可以多得到50元（100-50=50），但从此甲可能不再与乙合作，乙将损失以后所有得到50元的机会。因此从长远利益来看，选择对抗对双方而言并不明智，合作才是最好的选择。

上述博弈情形真实地反映在日常生活中人们选择合作与对抗的关系中。比如在公共汽车上，两个陌生人会为一个座位而争吵，因为他们知道，这是一次性博弈，吵过后谁也不会再见到对方，因此谁也不肯吃亏；可如果他们相互认识，就会相互谦让，因为他们知道，以后还会有碰面甚至交往的可能。两个朋友因为某件事情发生了争吵，如果不想彻底决裂，通常都会在争吵中留有余地，因为两人日后可能还要进行"重复博弈"。

重复博弈同样可以用来解释商业行为。比如你到菜场去买菜，当你担心上当受骗而犹豫不决时，卖菜的摊主便会对你说："你放心好了，我每天在这里卖菜，不会骗你的，如果菜不好，你回来找我！"他强调自己"每天"在这里卖菜，你通常便会放下心来，与之成交。因为他的这句话翻译成经济学的语言就是"我跟你是'重复博弈'"。很多一次性买卖的特点是卖主总想牟取暴利且带有欺骗性，比如车站、码头、旅游景点等地的东西往往质次价高，其原因就在于买卖双方很少有"重复博弈"的机会。

诚信来自重复博弈。在现实生活中，人们交往的基础在于守信。如果一个社会没有信用基础，那么这个社会一定会陷入混乱之中。孔子曰："人而无信，不知其可也。大车无輗，小车无軏，其何以行之哉？"

合理的博弈规则是保证社会诚信的基本条件。而遏制诚信缺失的方法就是将一次性博弈有效地转化为重复博弈，同时加大对不诚信行为的惩罚力度——通俗地讲，就是让每个参与博弈的人都清楚彼此可以在长期合作中受益，"一锤子买卖"的结果是两败俱伤；同时，如果谁不遵守诚信规则，谁就将确定无疑地受到严惩。

　　诚信并非"免费的午餐"，诚信也是有价格的。在交易中，缺乏诚信会使交易成本提高，妨碍交易活动的正常进行。经济学家威廉姆森认为，由于利己主义动机，商人在交易时会表现出机会主义倾向，总是想通过投机取巧获取私利，如故意不履行合约中规定的义务；曲解合约条款；以不对等信息欺骗对方；等等。这样一来，为了尽量使自己不吃亏，在交易时就得讨价还价、调查对方的信用、想方设法确保合约的履行，于是商业谈判、征信、订立合约等活动的复杂程度越高，交易成本也就越高，当交易成本过高时，就不值得交易了。由此可见，只有交易双方彼此诚信相待，才能降低交易成本和提高交易效率。

格局大的人，舍小利以谋远

在重复博弈中，参与者存在着短期利益和长远利益的均衡，有可能为了长远利益牺牲短期利益而选择不同的均衡策略。重复博弈启示我们，做事情应该把眼光放长远，为了收获长远的利益要善于舍弃眼前的小利；或者说，为了长远的利益，要有吃小亏的勇气。这一行为用心理学术语概括就是"延迟满足"。

在美国得克萨斯州的一个小学的校园里，其中一个班的8名学生被老师带到了一间很大的房间里。随后，一个陌生的中年男子走了进来，他一脸和蔼地来到孩子们中间，给每个孩子都发了一粒包装精美的糖果，并告诉他们：这粒糖果属于你，你可以随时吃掉，但如果谁能坚持等我回来以后再吃，就会得到两粒同样的糖果作为奖励。说完，他和老师一起转身离开了房间。

时间一分一秒过去了，糖果对孩子们的诱惑也越来越大，大到无法抗拒。终于，有一个孩子剥掉了糖纸，把糖果放进嘴里并发出"啧啧"的声音。受他的影响，有几个孩子也忍不住纷纷剥开精美的糖纸，但仍有一半以上的孩子在千方百计地控制着自己，一直等到40分钟后那个陌生人回来。当然，那些坚持等待的孩子最后得到了应有的奖励。

后来那个陌生人观察了这些孩子整整20年，他发现，能够"延迟满足"的学生学习成绩要比那些熬不住的学生高出很多，参加工作后他们从不在困难面前低头，总是能走出困境并获得成功。

延迟满足就是我们常说的"忍耐"。为了追求更大的目标，获得更大的收益，能够克制自己的欲望，放弃眼前的诱惑。事实也证明，懂得放弃眼前短期的利益，勇于吃点小亏的人，最终获得的将会是比当下大上几倍，甚至几十倍的收益。

有一个年轻人大学刚毕业就进入出版社做编辑，他文笔很好，但更可贵的是他的工作态度。当时出版社正在进行一套丛书的出版，每个人都很忙，但上司并没有增加人手的打算，于是编辑们也被派到发行部、业务部帮忙。整个编辑部几乎所有人去过一两次就开始抗议了，只有那位年轻人心情愉快地接受了指派。事实上也看不出他有什么便宜可占，因为他要帮忙包书、送书，像个苦力工一样。后来他又去业务部参与销售工作，此外，取稿、跑印刷厂、邮寄……只要别人有要求，他都乐意帮忙！

　　两年后，他自己成立了一家出版公司，做得很不错。原来他在"吃亏"时把一家出版社的编辑、发行、印刷等工作全都摸清了，直到现在他仍然抱着这样的态度做事。对作者，他用"吃亏"来换取作者的信任；对员工，他用"吃亏"来换取他们的积极性；对印刷厂，他用"吃亏"来换取印刷品质……把眼睛看向远处，吃点眼前的小亏，年轻人最终所获得的是大于他所"损失"的无数倍的收益。

　　红顶商人胡雪岩说："如果你拥有一县的眼光，那你可以做一县的生意；如果你拥有一省的眼光，那么你可以做一省的生意；如果你拥有天下的眼光，那么你可以做天下的生意。"

　　李嘉诚之所以能够把一个生产塑料花的小作坊发展成享誉全球的长江实业集团，其财富秘诀自然有许多，"目光长远"便是其中十分重要的一条。

　　1967年，香港地区的社会很不稳定，当时投资者普遍没什么信心，香港房价暴跌，但李嘉诚却凭借过人的眼光和魄力趁机大肆低价收购其他地产商放弃的地盘。到了70年代，香港写字楼需求大幅回升，他一下子赚得盆满钵盈。

　　1812年6月，几乎征服了整个欧洲的拿破仑为了让东方人也臣服在他的脚下，精心组织了一支50万人的大军，以排山倒海之势压向俄国。法国不宣而战，挥师跨过俄国边境并很快切断俄国两个集团军的联系，长驱直入占领了莫斯科。

　　处在存亡之秋的俄国拼死抵抗，老将库图佐夫临危受命担任了俄军总司令。拿破仑和库图佐夫是老对头，5年前两人就有过交锋，但这次库图佐夫明显处于劣势。双方经过紧张部署后在博罗季诺村附近拉开了战幕，这是一场势均力敌的血战，惨烈的战斗持续了一天一夜，最后俄军被迫撤离，拿破仑占领了库图佐夫的阵地。

　　库图佐夫冷静地分析了战争形势和敌我双方的实力对

比，发现尽管拿破仑夺取了俄军要塞，但实力已被削弱，由进攻之势转为防御之势。再者，法军长驱直入，孤军作战，如果在此长久相持下去，必然对其不利，于是他发布了一个让众人震惊而又大惑不解的决定——放弃莫斯科。消息传出后全国响起"情愿战死在莫斯科，也不交给敌人"的呼声，沙皇也下令坚守都城，但库图佐夫清楚地意识到，假如逞一时之气，很可能会全军覆灭，最后导致国破家亡。为了顾全大局，库图佐夫顶着国内的压力，毅然下令撤退！

　　暂时胜利的拿破仑没有想到，他失败的命运已由此写定。俄国人留给他的是一座空城，接踵而来的是饥饿和严寒的危机，此时法军思乡情绪上升，军心涣散，拿破仑只好下令撤出莫斯科，然而为时已晚，俄国人是不会轻易放走占领他们首都的侵略者的，接下来便是一场恶战，法军四面楚歌，全线溃败。

　　拿破仑从眼前的利益出发，贪图一城的得失，最后陷入一场巨大的灾难之中；库图佐夫从长远利益出发，先吃小亏，然后等待时机，最终反败为胜。

　　两个人同时掉进了山洞，其中一人借着火把的光在洞中行走，他能看清脚下的石块，能看清周围的石壁，因此他不会碰壁，也不会被石块绊倒，但他就是看不到山洞的出口，走来走去，最终累死了。而另一个人抛弃了火把，在黑暗中摸索前行，虽然一直碰壁，不时被石头绊倒，但因为他置身于一片黑暗之中，他的眼睛能敏锐地感觉到洞口透进来的光，他迎着这缕微光爬行，最终逃离了山洞。

做人就应该像后者，放眼长远，有时候敢于抛弃手中的火把，才能看见远方的光明，才能走出狭窄的山洞，走进一个更加广阔的人生天地。

第三章

智猪博弈：强者世界里弱者的生存法则

强者造势，弱者借势

博弈论中有个十分重要的博弈模型叫"智猪博弈"，它讲述了这样一个故事。

笼子里有两只猪，一只大，一只小。笼子很长，一头有一个踏板，另一头是饲料的出口和食槽。每踩一下踏板，在远离踏板的笼子的另一边的投食口就会落下少量的食物。如果有一只猪去踩踏板，另一只猪就有机会抢先吃到落下的食物。当小猪踩动踏板时，大猪会在小猪跑到食槽之前吃掉大部分食物；若是大猪踩动踏板，则还有机会在小猪吃完落下的食物之前跑到食槽吃到另一半残羹。

如果从定量来看，踩一下踏板将有10个单位的猪食流进食槽，但踩完踏板之后跑到食槽所需要付出的"劳动"要消耗2个单位的猪食。如果两只猪同时踩踏板，再一起跑到食槽吃，大猪吃到7个单位，小猪吃到3个单位，减去各自劳动耗费的2个单位，大猪净得5个单位，小猪净得1个单位。如果大猪踩踏板，小猪等着先吃，大猪再赶过去吃，大猪吃到6个单位，去掉踩踏板劳动耗费的2个单位，净得4个单位，小猪也吃到4个单位。如果小猪踩踏板，大猪等着先吃，大猪吃到9个单位，小猪吃到1个单位，再减去踩踏板的劳动耗费，小猪净亏损1个单位。

当然了，如果大家都选择等待，结果是谁也吃不到。因此可以得出结论，唯一解是大猪踩踏板，小猪等待。因为对小猪而言，无论大猪是否踩动踏板，自己不踩踏板总是最好的选择。反观大猪，已知小猪不会去踩动踏板，自己亲自去踩踏板总比不踩强，所以只好亲力亲为了。

生活中智猪博弈的例子俯拾皆是。譬如，一家澡堂每天营业时水管里总有一段是凉水，当这段凉水放完后热水才会源源不断地流出。因此，每天第一批进澡堂用水的人都要忍受一阵凉水过后才能用到热水，而他们后面的人则可以马上用到热水。如此一来会出现怎样的情形呢？事实上很多人都想当"小猪"，等着"大猪"先把凉水放尽。

　　许多人并未读过"智猪博弈"的故事，却在潜移默化中使用小猪的策略。股市上等待庄家抬轿的散户；市场中等待出现具有盈利能力的新产品，继而大举仿制牟取暴利的投机公司；公司里不创造效益但分享成果的人；等等。

　　现实中有很多"大猪"经常为"小猪躺着大猪跑"的不公平现象郁闷不已，但更常见的是很多"小猪"因为实力单薄而慨叹无能为力。如果深谙"智猪博弈"的道理，你就会明白，弱小不一定注定被欺，弱者也可以通过博弈智慧占尽上风。

要善于在等待中把握时机

在智猪博弈中，等待是小猪的优势策略，但等待也不是盲目的。在等待中，小猪还得密切注视大猪的行动，这样才有可能在大猪去踩踏板时保证自己待在食槽边抢得食物。

小猪这种坐等时机的策略给我们带来的启示是：在与人博弈时，处于弱势的一方要学会等待，也要学会在等待中把握时机。

坐等时机的策略在我国历史上曾被司马懿运用得非常娴熟，史书称他"少有奇节，聪明多大略，博学洽闻，伏膺儒教。"（《晋书·宣帝纪》）曹操刚掌权，听说司马懿有谋略之才，于是征召他辅政。司马懿觉得汉朝国运已微，又不了解曹操的实力，故不愿应召，但是又不敢得罪曹操，就推辞说得了风瘫病。曹操怀疑司马懿有意推托，于是派了一个刺客去司马懿府上察看，果然看到司马懿直挺挺地躺在床上，刺客突然从腰间拔出刀砍向司马懿，司马懿只是略显惊恐地望着刺客，动也没动一下。回去后刺客向曹操禀告：司马懿确实患了风瘫。

后来司马懿看曹操的力量已经足够强大了，于是主动找到曹操说自己可以随时上任。曹操让他与太子共事交往，历任黄门侍郎、议郎、丞相东曹属、丞相主簿等职。司马懿在曹操手下任职小心谨慎，勤勤恳恳，对国事军事多有奇策，博得了曹操的信服并被委以重任。

239年，魏明帝曹叡托孤给司马懿后去世。小皇帝曹芳年仅八岁，司马懿与大将军曹爽一起接受遗诏辅佐少主。司马懿任侍中、持节、都督中外诸军事、录尚书事，和曹爽各统精兵三千人，共执朝政。曹爽想专权，于是开始排挤司马懿，他用魏少帝的名义提升司马懿为太傅，实际上是为了夺去他的兵权。获得军权的曹爽不听司马懿劝告，贸然攻打蜀、吴，结果大败。曹爽把太后接到朝中，专擅政权，司马懿称病不再上朝。曹爽及其同党也疑心司马懿是装病，同年冬，河南尹李胜要到荆州任刺史，临行前去拜望他。司马懿让两个侍婢搀扶自己，要拿衣服，拿不稳，掉在了地上，还指着嘴说渴。侍婢献上粥来，他用口去接，汤流满襟。李胜说："大家都说您得了重病，您一定要保重自己啊。"司马懿故意上气不接下气地说："年老了，所以患了痼疾，死在旦夕了。你去并州任职，那里靠近胡人，一定要做好防范的准备。怕下次就见不到你了，顺便把我的两个孩子师、昭兄弟托付给你。"李胜说："我是回老家荆州做刺史，不是并州。"司马懿故意说错："你原来是刚到过并州啊。"李胜又说："我去的是荆州。"司马懿说："年老了，理解能力就差了，我不太明白你的意思。"李胜回来对曹爽说："司马懿已经病入膏肓，说话都不能达意，不足为虑了。"曹爽从此便不再防备司马懿。

　　249年正月，魏少帝曹芳到城外祭扫祖先的陵墓，曹爽和他的兄弟、亲信大臣陪同前往。司马懿病得厉害，自然没有人请他去。曹爽一出皇城，司马懿的病就全好了。他披戴起盔甲，抖擞精神，带着两个儿子率领兵马占领了城门和兵库，并且假传皇太后的诏令，把曹爽的大将军职务撤了。

曹爽和他的兄弟在城外得知消息时为时已晚，司马懿派人去劝他投降，说只要交出兵权，决不为难他们。曹爽只得投降。几天后有人告发曹爽谋反，司马懿趁机处死了曹爽及其同党。

从上面的故事中我们可以看出，司马懿是个善于伪装的人，他不仅装得逼真，而且每次装得都很是时候。在与曹氏的博弈中，当他还不确定曹操的实力时，便假装得了风瘫；在曹爽势力强大时，他又假装患了痼疾。时机来了，他的病又全好了。司马懿就好比智猪博弈中的那只小猪，没有把握时他就一直静静地趴在槽边，看着曹氏那只大猪不停地奔跑，直到那只奔跑的大猪没有闲心留意自己这只小猪时，他就怀揣利器，伺机击垮了毫无防备的对方。

在生活中，许多事情都需要我们在等待中捕捉有利的时机。一旦时机成熟，就要迅速出击。

在与人博弈的过程中，弱势的一方可以以逸待劳，以较小的投入换取较大的收益。一个真正的博弈高手不仅要善于等待，更要善于在等待中把握时机，由此才能化被动为主动，化消极为积极，化腐朽为神奇，化失败为成功。

如何用他人的资源办好自己的事

在博弈双方力量不对等的情况下，力量较弱的一方如果能搭上强者的便车，便可坐享其成。这种不用付出、坐享其成的"搭便车"现象在生活中非常常见。

比方说，下大雪之后大多数家庭要做的第一件事情就是把自家门前的积雪清扫干净，以免出行不便，这时对于路上的行人来说，他没有付出一点劳动就享受了没有积雪的便利。再比方说，在农村，农民们往往比邻而居，形成一个个小居民点。假设现在有两户人家，其中一户生活富裕，而另一户生活相对拮据，两户人家房前有一条年久失修的道路与外面的公路相连接。由于生活困难，尽管拮据的农户知道修路可以给自己带来好处，但他暂时没有钱去做这件事。对富裕的农户来说，他本来可以等邻居愿意拿钱出来修路时再一起平摊修路的费用，但每天走那条坑坑洼洼的路实在不是一件开心的事。而且富裕农户对道路的需求更大，路不好给他造成的损失更大，而对贫户却不会有多少影响。因此，为了生活的便利，富户就很有可能独自出钱修路。显然，这里富户被迫充当了智猪博弈里的"大猪"，而贫户却可以坐享其成。

现实生活中，搭便车策略普遍被一些商人和企业所使用。我们经常可以看见，厂家采用搭便车策略让某些弱势产品跟进强势产品借力"铺货"，从而最大限度地减少新产品进入市场的阻力，使新产品能够快速与消费者见面。对没有强大实力的弱势产品而言，搭强势品牌的"广告便车"是一条切实可行的策略。为了迅速普及和推广某个品牌，很多企业都会选用与品牌相适应的明星来代言，这种名人效应从某些方面来讲也是一种"搭便车"。

善于把握机会的企业常常能够坐收渔翁之利。同时也正是由于便车的存在，行业的先导者在大张旗鼓地进入某个领域时，也应该尽量减少投机者利用自己的宣传声势所形成的便车的机会。"搭便车"与"反搭便车"的斗争就像一场猫和老鼠的战争，其中的妙义就在于在法律允许的范围内谁的手法更天衣无缝，无懈可击。

在智猪博弈中我们可以看出，在同一个食槽抢食，大猪和小猪是一起成长的，对于弱小的小猪而言，借助大猪的力量来帮助自己成长是一个极为重要的方式。抛开道德考量，小猪这种"借他人之力壮大自己"的博弈智慧是值得人们学习的，毕竟在日益激烈的市场竞争中，力量弱小的个体如果仅依靠自身的力量是很难成就一番大事业的。

晚清名臣左宗棠从来不给人写推荐信，他说："一个人只要有本事，自会有人用他。"左宗棠有个好友的儿子名叫黄兰阶，他在福建候补知县多年都没候到实缺，他见别人都有大官写推荐信，想到父亲生前与左宗棠很要好，于是跑到北京来找左宗棠。左宗棠见到故人之子，十分客气，但当黄兰阶提出想让他帮忙写推荐信给福建总督时，登时就变了脸，几句话就将黄兰阶打发走了。

黄兰阶又气又恨，离开左相府后闲踱到琉璃厂看书画散心。忽然，他见到一个小店老板学写左宗棠的字十分逼真，心中一动，想出一条妙计。他让店主写了柄扇子，落了款，然后得意扬扬地摇回福州。在参见福建总督时，黄兰阶手摇纸扇，径直走到总督堂上。总督见状很是奇怪，问："外面很热吗？都立秋了，老兄还拿扇子摇个不停。"黄兰阶得意地把扇子一晃："不瞒您说，外边天气并不太热，只是我这柄扇是我此次进京左宗棠大人亲送的，所以舍不得放手。"说完还故意将扇面上的题字呈给总督看。总督吃了一惊，心想：我以为这姓黄的没有后台，所以候补几年也没任命他实缺，不想他却有这么大个靠山。左宗棠天天跟皇上见面，他若恨我，只需在皇上面前说个一句半句，我可就吃不消了。看那题字，确系左宗棠笔迹，一点不差。总督闷闷不乐地回到后堂找到师爷商议此事，第二天就给黄兰阶挂牌任了知县。

后来黄兰阶不几年就升到了四品道台。一次福建总督进京见了左宗棠，讨好地说："您的门生黄兰阶如今在敝省当了道台了，当真是少年才俊，前途不可限量啊。"左宗棠笑道："是嘛！那次他来找我我就对他说：'只要有本事，自有识货人。'老兄就很会识人嘛！"左宗棠万万没想到自己成了黄兰阶的靠山，助他直上青云。

黄兰阶之所以能够官拜道台，正是因为借了左宗棠的势。当然，这种欺世盗名、瞒天过海的把戏过于卑劣，搞不好容易反噬到自身，因此不作鼓励。这个例子给我们带来的启发是：永远不要抱怨自己怀才不遇，而要主动为自己赢得更多的机会和广阔的舞台以充分施展自己的才华，做到"怀才有遇"，从而为实现自己的人生价值奠定基础。

不仅官场如此，职场亦是如此。职场人际关系的秘诀就是找到你的职场贵人。贵人到底是什么？我们通常所说的"贵人"可能是指某个身居高位的人，也可能是在经验、专长、知识、技能等方面比你强，你欲以模仿的对象。他们也许是你的上司，也许是你的同事或朋友。

大鹏在一家策划公司工作，是公司的骨干，他的策划总有过人之处，让很多同事都羡慕不已。在同事请教他怎么做到如此出色时，大鹏讲了一个关于职场"贵人"的故事。大鹏大学毕业后进了这家著名的策划公司，但由于自己是政治专业毕业，所以在活动策划方面，能力非常不过关，于是大鹏用功学习，精心研究了许多被业内人士看作精品的策划方案。

　　一天，公司来了一个客户，客户说明了自己对策划方案的要求，大鹏灵光一闪，在脑海中搜索了几个类似的精品策划，于是他便把这些策划方案穿插进自己的想法讲给了客户听，此时在大鹏的身边有一个中年人正在操作电脑。客户对大鹏的策划方案很满意，打算回去再与同事进一步商议。客户走后一直坐在电脑旁边的那个中年人抬起头对大鹏说："你叫什么名字？你的创意很有思想，相信你一定能做好！"

　　原来那个中年人正是大鹏的老板的老板，也就是公司的董事长。被董事长表扬后，大鹏的积极性一下子就被调动了起来，开始对自己的能力信心大增，策划的方案一个比一个好。后来董事长每次检查工作时都要表扬大鹏几句，再后来，大鹏在事业上可谓一帆风顺，职位也一再提升。

　　在职场中，有贵人相助是极大的幸运，也是能让自己有所发展的窍门之一。如果你是职场新人，要想快速成长或避免走太多的弯路，就要尽快找到你的职场贵人，借助贵人的力量为自己的发展加速。当然，在找到你的贵人之前，也别忘记埋头修炼自己，让自己成为一个值得帮助的人。

"韭菜"的生存之道

在"智猪博弈"中，大猪是占据优势的，但由于小猪别无选择，使得大猪为了能吃到食物不得不辛勤忙碌，反而让小猪搭了便车。这种现象是游戏规则所导致的，规则的核心指标是：每次落下的食物数量和踏板与投食口之间的距离。如果改变核心指标，大猪就可能占据主导地位。比如，投食仅为原来分量的一半，同时将投食口移到踏板附近。这样小猪就不得不拼命地抢着踩踏板，因为等待者不得食，而多劳者多得。

证券投资中庄家和散户的博弈也是典型的智猪博弈。当庄家在低位大量买入股票后，已经付出了相当多的资金和时间成本，如果不等价格上升就撤退，只有亏损。所以，基于和大猪一样的贪吃本能，只要趋势不是太糟糕，庄家一般都会抬高股价，以求实现手中股票的增值。这时中小散户就可以对该股追加资金，做一只聪明的"小猪"，让"大猪"庄家力抬股价。当然，这类股票的发现并不容易，所以当"小猪"发现有这种情况的"食槽"存在并冲进去时，就成为一只聪明的"小猪"。

从散户与庄家的策略选择上来看，这种博弈结果是有参考价值的。例如，对股票的操作是需要成本的，事先、事中和事后的信息处理都需要金钱和时间成本的投入，如行业分析、企业调研、财务分析等。一旦投入成本，机构投资者是不会甘心就此放弃的，而中小散户不太可能事先支付这些高额成本，更没有资金控盘操作，因此只能采取小猪的等待策略。等到庄家出手抬高股价时，散户就可以坐享其成了。

股市中散户投资者与小猪的命运有许多相似之处，没有能力承担炒作成本，所以就应该充分利用资金灵活、成本低和不怕被套的优势，发现并选择那些机构投资者已经或可能坐庄的股票，等着"大猪"们为自己服务。由此可以看出，散户在与机构的博弈中并不总是没有优势的，关键是要找到有"大猪"的那个"食槽"，然后等到游戏规则对自己有利时再进入。

遗憾的是，在股市中有很多身为"小猪"的散户不知道采取等待策略，更不知道要让"大猪"们去表现，在"大猪"们拉动股票价格后才是"小猪"们入场的最佳时机。作为"小猪"，还要学会特立独行，行动前不用也不需要从其他"小猪"那里得到肯定，行动时认同且跟随你的"小猪"越多，那么你出错的可能性就越大。

当然，股市中的金融机构要比模型中的大猪聪明得多，并且不遵守游戏规则，他们不会甘心为"小猪"们踩踏板。事实上，他们往往会选择破坏博弈的规则，甚至重新建立新规则。

比如，他们可以把"踏板"放在"食槽"旁边，或者遥控"食物"的投放，这样"小猪"们就失去了搭便车的机会。例如，金融机构和上市公司串通一气，散布虚假的利空消息，这就类似于踩踏板前骗小猪离开食槽，好让自己饱餐一顿。

当然，金融市场中的很多"大猪"也并不聪明，他们的表现欲过强，太喜欢主动地创造市场反应，而不只是对市场作出反应。短期来看，他们可以很轻易地左右市场，操纵价格，成为胆大妄为的造市者。这些"大猪"们并不知道自己应该小心谨慎、如履薄冰，他们不知道自己的力量远不如自己想象的那样强大。

商业竞争中的智猪博弈

每个行业都存在着一群小企业与屈指可数的领先巨头之间的智猪博弈。其中价格竞争通常作为市场经济实行优胜劣汰、优化资源配置的一种手段，起着独特的作用。在两个企业实力存在差距又面临价格竞争时，小企业的生存发展与其所选择的策略有着密不可分的关系。

我们都知道，智猪博弈的结果取决于大猪的行为。对小猪来说，无论大猪如何行动，自己最好是等在食槽旁边，只有这样大猪和小猪才可以共同生存。实力悬殊的公司之间的价格竞争策略也是这个道理。在商业竞争中，如果你是弱小的一方，可以选择如下策略。

一是等待，静观其变。让市场上占主导地位的品牌开拓本行业所有产品的市场需求。将自己的品牌定位在较低价格上，以享受主导品牌所带来的市场机会。

二是不要贪婪，妄图将"大猪"应得的那份也据为己有。只要主导品牌认为弱小公司不会对自己造成威胁，它就会不断创造市场需求。因此小企业可以将自己定位在一个不会引起主导品牌担忧的较小的细分市场，以限制自己对主导品牌的威胁。

三是搭便车，选择在行业中处于支配性地位的企业作为跟随对象。如微软模式：美国IT产业的巨无霸微软公司起家时选择了IBM公司作为跟随对象。随着IBM公司的发展，微软公司也实现了不断地壮大。

在商业竞争中，如果你是智猪博弈中的"大猪"，在行业或市场中占主导地位，则可采取以下策略。

首先，要接受小公司的存在。作为主导品牌，加强广告宣传，创造并开拓行业所有产品的市场需求才是真正的利益所在。轻易不要采取降价这种浪费资源的做法与小企业竞争，除非它对自己形成了真正的威胁。事实上，小企业采取的低价策略阻止了潜在进入者的大量涌入，变相成为大公司的护城河。

其次，对威胁的限制要清晰。如果小企业发展壮大到了已经对自己构成威胁的程度，大公司就应该迅速作出反应，并让小企业清楚地知道它们在怎样的规模水平之下才是被容忍的，否则就会招致大公司强有力的回击。

总而言之，通过运用智猪博弈模型，对两个规模与实力存在较大差距的竞争对手之间价格战的情况进行分析，可以看出，竞争双方应对自己的市场地位和发展路径有一个清醒的认知。这一点非常重要，认清自己真正的利益所在，避免残酷的价格战的发生，如此两个实力悬殊的对手才能达成和平的共生模式：共同生存，共同发展。

对少数人进行奖励，而非全部

在智猪博弈的模型中，想要防止出现"小猪躺着大猪跑"的现象，有以下三种改变方案。

方案一，减量。投食量仅为原来的一半，结果是小猪和大猪都不去踩踏板了。小猪去踩踏板，大猪就会把食物吃完；大猪去踩踏板，小猪也会把食物吃完。谁去踩踏板，就意味着为对方贡献食物，所以谁也不会有踩踏板的动力。如果目的是让猪多踩踏板，这个游戏规则的设计显然是失败的。

方案二，增量。投食量增加为原来的两倍，结果是小猪和大猪都会去踩踏板。谁想吃谁就会去踩踏板，反正对方不会一次把食物吃完。小猪和大猪都有足够的食物，所以竞争意识不会很强。对游戏规则的设计者来说，这个规则的成本相当高（每次提供双倍的食物）；而且由于缺乏竞争，想让猪多踩踏板的目的并没有达到。

方案三，减量加移位。投食量减少为原来的一半，同时将投食口移到踏板附近，结果小猪和大猪都在拼命抢着踩踏板。等待者不得食，多劳者多得。对游戏设计者来说，这是最好的方案。成本不高，但收获最大。

在历史上，许多帝王都用"论功行赏"来平衡大小功臣之间的利益，这种做法让立了大功的人在今后办事的过程中依然能不断发挥积极性。

《史记》记载，汉朝建立后汉高祖刘邦对功臣们论功行赏，大臣们都认为自己功劳很大，当看到刘邦把动嘴皮子、耍笔杆子的萧何封为第一功臣后，很多人表示不服。面对大臣们的质疑，汉高祖打了个比方，他说：带着猎狗打猎，是靠猎狗来追兔子，所以猎狗有功，但猎狗是听猎人指挥的，发现猎物并指示出击的猎人更有功，所以最高的奖励应该给萧何！刘邦在把文功最大的萧何列为第一功臣时，也把武将中功劳最大的曹参列为第二功臣，巧妙地平衡了文臣与武将的地位，使得朝堂上一团和气。

　　在上面的故事中，武将们出生入死、功不可没，文臣们谋划布局，厥功至伟，奖励哪方多一些，另一方都不会服气。所以刘邦在向臣子们言明其中的道理后，巧妙地平衡了文武双方的利益。

　　在现实生活中，只有保证多劳者多得才是更好的激励方案。某机修厂，由于以前工作任务相对琐碎，不同任务的劳动强度和难易程度相差较大，但由于工作任务是统一分配，不同工作之间的差别又很难从收入上体现出来，结果造成该厂职工的工作积极性普遍不高。为充分调动职工的工作积极性，提高劳动效率，该厂打破完全统筹的任务分配模式，引入市场竞争机制，由厂控制材料费，将维修业务的选择和被选择权下放到班组，引导工作范围相近的班组之间展开竞争，鼓励维修技术好、服务质量高的班组通过多接维修任务来提高自己的收入。此项制度实施以后，员工之间明显的收入差距大大激发了他们学业务、提素质、优服务、抓质量的积极性。

　　一个公司的激励制度是否合理，从智猪博弈的三个改变方案中就可以看出。如果奖励力度太大，成本高不说，员工的积极性也并不一定会被激发。但如果奖励力度不大，而且见者有份（不劳动的"小猪"也有），一向十分努力的"大猪"也将失去动力。

最好的激励机制是奖励并非人人有份，而是直接针对个人，如上面提到的机修厂的例子，材料费由厂控制，而员工要通过多接维修任务才能提高自己的收入，这样公司既节约了成本，又消除了"搭便车"现象，自然能实现有效激励。

第四章

斗鸡博弈：狭路相逢的进退智慧

狭路相逢胜者谁

在博弈学中有一个著名的"斗鸡博弈"，它描述的是势均力敌、旗鼓相当的两只公鸡A、B相遇时各有两种选择：进攻或撤退。若两只公鸡都选择了进攻，那么必定两败俱伤；若它们都选择撤退，那么不分胜负；若A公鸡进攻、B公鸡撤退，那么A公鸡胜利，B公鸡丢面子；若B公鸡进攻、A公鸡撤退，那么B公鸡胜利，A公鸡丢面子。一方进攻而另一方撤退的策略虽然会使撤退的一方丢面子，但总比两败俱伤的损失要好一些。这时对每只公鸡来说，自己最好的应对策略应该是：若对方进攻、我就撤退，若对方撤退、我就进攻。

如果一场博弈有唯一的纳什均衡点，那么这场博弈就是可预测的，即这个纳什均衡点是一个事先知道的唯一的博弈结果。但如果一场博弈有两个或两个以上的纳什均衡点，那么就无法预测出结果。斗鸡博弈便有两个纳什均衡点：一方进而另一方退。因此我们无法预测斗鸡博弈的结果，即无法知道谁进谁退，谁输谁赢。

斗鸡博弈的例子在历史上非常常见。唐朝中后期，在藩镇和宦官的夹缝中，唐王朝中央政府出现了朋党之争，使王朝的命脉悬于一线。当时，高级官员分裂为两个集团，一称"李党"，一称"牛党"。李党的重要人物有李德裕、李绅、郑覃；牛党的重要人物有李逢吉、牛僧孺、李宗闵。李党多出身于高贵门第和士族世家，而牛党多出身于寒门。

唐朝政府在朋党斗争的几十年间，人事变动极其混乱，几乎每年都要发生一次"轰然而至"和"轰然而去"的浪潮：李党当权则李党党羽弹冠相庆，全部调回中央任职，牛党党羽则被扫地出门。牛党当权亦然。比如，832年，牛僧孺被迫辞职，李德裕入朝后出现了一个能使两个政客集团和解的好机会。身为牛党成员的长安京兆尹杜棕向李宗闵建议：由李宗闵推荐李德裕担任科举考试的主考官知贡举，李宗闵不同意。李德裕出身士族世家，他虽然恨透了考试制度，并故意"炫耀"他不是进士出身，但其实内心何尝不羡慕？只有杜棕洞察到这个秘密，所以出此建议，企图使世家与寒门在李德裕这里融合。可惜李宗闵没有这种智慧，杜棕又退而求其次，建议由李宗闵推荐李德裕担任御史大夫。李宗闵勉强同意，杜棕就去通知李德裕。李德裕听后惊喜不已，感激得流下泪来，连连请杜棕转达自己对李宗闵的感谢。然而李宗闵到底没有这种胸襟和见识，他又听从了给事中杨虞卿的意见，变了卦。李德裕认为自己受到了戏弄，对牛党怨恨更深，从此双方和解的机会一去不返。

从"牛李党争"的历史事件中我们可以看出，在现实中使用斗鸡博弈需要遵循一定的条件和规则。哪一只"斗鸡"前进，哪一只"斗鸡"后退，不是谁先说就听谁的，而是要进行实力的比较，谁实力强大，谁就有更多前进的机会。但这种前进并不是没有限制的，前进和后退都有一定的距离，这个距离得双方都能接受。如果超出了界限，有一方无法接受，那么这场博弈中的优势策略也就不复存在了。

如果一个人凡事一定要争个输赢胜负，那么必然会给自己造成不必要的损失。这在现代社会的职场竞争中随处可见，相比之下，如果我们能在某些时刻选择网开一面，避免把对手逼入死角，将会是更为可取的做法。

王方和小张同时被一家公司录用为秘书。上班才几天他们便觉得奇怪，工作量根本不饱和，一个人足以应付，干吗要招两个人？不久后他们从同事口中得知，公司本来只招一人，但看他俩都不错，难以取舍，干脆都招进来，但三个月试用期满后肯定要走一个人。

谜底揭开，两人开始在暗地里较劲，关系越来越紧张，虽然表面上一团和气，他们的上司戴主任却看出了问题，但他只是冷眼旁观。其后发生的一件事令王方十分愤怒，那天下午戴主任让他们起草一份3000字左右的材料，第二天急用。他们知道战斗又打响了，都想先赶出来。晚上两人都留在办公室加班，凌晨一点多，小张先写完走了，王方则一直熬到凌晨三点多才写完。

第二天刚上班，戴主任便找他们要材料，小张先交了上去，王方在电脑里找了半天，稿子却如蒸发了一般，怎么找也找不着。他急得满头大汗，对小张说："奇了怪了，我明明存了盘的！"小张漫不经心地说："可能你电脑里有病毒吧。"这时王方看到小张眼中掠过一丝慌乱，他似乎明白了什么。戴主任拿着小张的稿子匆匆出门了，临走前他深深望了王方一眼。

当晚王方一夜没睡好，巨大的愤怒如毒蛇般噬咬着他。毫无疑问，是小张昨晚溜回来将他的文件删了，他知道自己电脑的密码。想不到他会用如此卑劣的手段！怎么办？揭穿他？他肯定不会承认。向戴主任投诉？证据呢？或者，也瞅准机会害他一下，你不仁，别怪我不义！但慢慢地，王方冷静了下来，这样做等于是火上浇油，两人的矛盾只会彻底激化，使工作受到影响，最后两败俱伤。想来想去，王方觉得自己还是不能干这种傻事，还是宽容一点好，即使被迫走人，也要对得起自己的良心。

第二天上班时，王方坦然地笑着对小张说了声"早"，小张感到非常诧异。下午王方到戴主任办公室取文件，戴主任问他："昨天那稿子到底是怎么回事？"王方笑着说："我也不清楚，可能是电脑中病毒了吧。"戴主任盯着他沉思了一阵，没再说话。

之后的一段时间里，王方和小张之间的关系仍是淡淡的，一直相安无事。不久后他们面临一项重要工作——给老总撰写年度董事会工作报告。小张主动向戴主任请缨，戴主任沉吟了一下，说："还是让王方来执笔吧，他的风格比较对老总的口味，你多做做其他日常工作。"小张顿时如霜打的茄子一般，闷闷不乐地坐了回去。王方内心一阵欣喜，同时又感到疑惑："主任为什么指名让我写？我文笔好是不假，但小张也非等闲之辈。是的！肯定是上次的事主任有所觉察，莫非他是准备放弃小张了？"他看了看小张惨然的样子，忽然有些不忍。

晚上，王方来到小张宿舍，小张正一个人躺在床上，对于王方的出现，他显得有些意外。王方诚恳地说道："小张，我是来向你求救的。戴主任把这么重要的任务交给我，你知道的，我文笔很一般，你写文件是高手，我已经和主任说过了，能不能请你帮帮忙？"小张先是惊愕，继而又露出了惭愧、感激的神情。他眼中泛着泪光："王方，真想不到你心胸这么宽广。其实上次文件是我……""过去的事不要再提了。"王方微笑着打断他，"从今以后我们一定要团结，不管最后走的是谁！"两人的手紧紧握在了一起。

第二天，他们分工合作，王方负责总结部分，小张负责计划部分。他们相互切磋，相互鼓励，不到半个月，初稿便写好了，老总看完后大为赞赏，略作修改便通过了。

再后来小张和王方成了好朋友，同事们都觉得奇怪，这对天敌什么时候握手言和了？三个月试用期满后，出人意料的是，他俩都转正了。谈话时戴主任告诉他们，其实公司当初确实只打算留用一个人，但看他俩那样团结，表现都那么出色，最后才决定把他俩都留下来。

在斗鸡博弈中，占据优势的一方如果具有以退求进的智慧，给对方留下回旋的余地，那么双方都能成为利益的获得者。

把对方逼上绝路，也就断了自己的退路

在势均力敌、旗鼓相当的斗鸡博弈中，我们完全没必要拼个你死我活，相互妥协往往才是明智的选择。既然难以"毕其功于一役"，我们就该把目光放长远一些。

与斗鸡博弈类似的胆小鬼游戏是博弈论中的经典问题之一：两个争强好胜的少年为了制服对方，玩起了一种危险的游戏。他们各驾驶一辆车，开足马力向对方撞去……在死亡越来越近的情况下，如果其中一个选择转弯躲避，就成了"胆小鬼"，在对方面前输了面子；另外一方则被视为"英雄"。如果双方都不让步，结果将是灾难性的。但如果双方都选择避让，他们虽然都安然无恙，但都成了"胆小鬼"。

日常生活中，买卖双方在谈论价格时，如果无法谈拢，买主常常采取抽身离去的姿态——这其实就是"胆小鬼策略"，如果卖方想达成交易的话，就会作出适当的让步。

"妥协"是双方或多方在某种条件下达成的共识，在解决问题上它不是最好的办法，但在没有更好的方法出现之前它是最优解，因为它有不少好处。

首先，它可以避免时间、精力等资源的继续投入。在胜利不可得，而资源消耗殆尽时，选择妥协可以立即停止消耗，使自己得到喘息、整补的机会。

也许你会认为，强者不需要妥协，因为他资源丰富，不怕消耗。可问题是，当弱者以飞蛾扑火之势咬住你时，强者纵然得胜，也是损失不小的"惨胜"，所以强者在某些状况下也需要妥协。而在双方势均力敌时，妥协更是一种绩优选项。

其次，可以借妥协的和平时期来扭转对你不利的劣势。对方提出妥协，表明他有力不从心之处，他也需要喘息，说不定他要放弃这场"战争"；如果他愿意接受，并且同意你所提的条件，表示他也无心或无力继续这场"战争"，否则他是不大可能轻易放弃胜利的果实的。

因此，妥协可以创造和平的时间和空间，而你便可以利用这段时间来引导敌我态势的转变。

此外，妥协可以维持自己最起码的"存在"。妥协常常附带条件，如果你是弱者，且主动提出妥协，那么你可能要付出一定的代价，但也换得了"存在"。存在是一切的根本，没有存在就没有未来。也许这种附带条件的妥协对你不公平，让你感到屈辱，但用屈辱换得存在，换得希望，毫无疑问是值得的。

妥协有时会被认为是屈服、软弱，但如果从上面提到的几点来看，妥协其实是非常务实、通权达变的智慧。智者都懂得在恰当的时机接受别人的妥协，或向别人提出妥协，毕竟人要生存，靠的是理性，而不是意气。

在商业竞争中，一个经营者如果不懂得适当妥协，就会在盲目前进中碰壁。同样，一个不知进退的人早晚会尝到失败的苦果。

但何时妥协，怎样妥协，看具体情况：第一，要看你的大目标何在，也就是说，你不必把资源浪费在无益的争斗上，能妥协就妥协，不能妥协放弃战斗也无不可。但如果你争的是大目标，那绝不可轻易妥协。第二，要看妥协的条件，如果你占据优势，当然可以提出要求，但不必把对方逼得无路可退，这不是出于道德，而是为了避免逼虎伤人，这里是有利害权衡的。如果你是提出妥协的弱势者，且有玉石俱焚的决心，那么相信对方也会接受你的条件。

当改变命运的时刻降临，犹豫就会败北

在两只斗鸡相遇时，一场争斗如箭在弦上，有一触即发之势。我们假设其中有一只斗鸡既没有胜利的把握，也没有丢掉面子的勇气，那会是怎样一种情况呢？很显然，这只斗鸡会陷入一种进退两难的境地，于是它会在进与退的策略中犹豫不决、无所适从，最终的结果是在对峙中将自己弄得筋疲力尽，依然难逃一败。

其实这只斗鸡可以进，因为它并不见得一定会输给对方；它也可以退，虽然丢了面子，但可以免受损失。进或退对它来说都可以算是优势策略，唯有对峙最不可取，因为在对峙中这只斗鸡既丧失了主动的先机，又耗费了精力，剩下的就只有挨打的份了。

犹豫不决之害甚于执行不力。当你犹豫不决时，你就会丧失自己所处的有利时机，因为在你犹豫不决时你的对手可能正做着全力以赴的攻击准备。知难是聪明的表现，解难则更能凸显出智慧。一个人若能保持清醒的头脑，当断则断，则无往不利。

晋永宁元年（301年）初，齐王冏决定发兵讨伐夺取晋惠帝皇位的赵王伦，于是他四处联络各地势力，争取共同讨伐。当时的扬州刺史郗隆也接到了齐王发来的檄文，可这让他很为难，因为他的很多亲属都在赵王伦所在的洛京，他的侄子还是赵王的手下，他担心自己发兵会使亲属受到伤害。但如果他对齐王的檄文不作表态，一旦日后齐王得势，自己的日子也不会好过。他不知道该如何决策，于是招来属下商议。

主簿赵诱在权衡利弊后给郗隆提出了三条对策：上策是率众亲赴京师，中策是派精兵猛将帮助齐王，下策是只发表讨伐赵王的檄文，按兵不动、观望局势。但别驾顾彦却认为赵诱的下策是上策，他劝郗隆不必插手，坐观成败即可。而大部分人都认为讨伐赵王伦是人心所向，应该赶快发表檄文，派遣精兵帮助齐王讨伐逆贼，如果犹豫不决，很可能会大难临头。听完众将的言论，郗隆还是拿不定主意，决定看一看形势再说。

这样一来，一些主张讨伐赵王伦的将领按捺不住了，他们觉得郗隆是支持赵王伦的，于是纷纷私出军营，转投到宁远将军王邃的营下，准备为齐王效力。郗隆听到这件事后派人在路上拦截，凡是被抓到的人格杀勿论。命令一经发布，立即触怒了主张讨伐的将士，于是这些人联合王邃转过头来把郗隆父子杀了，然后将其首级交给了齐王。

郗隆事实上什么策略都没采取。很多时候，一个人之所以失败并不是因为没有策略，而是因为手中的策略太多。学会分析策略，敏锐地找出最优策略是决策的前提。就像两个剑客比武，宝剑该出鞘时还在犹豫不决，就会丧失主动的先机，等到优势变成劣势，则悔之不及。一个人的犹豫不决有时还表现在作出决策后反复怀疑，这样不但损耗自己的力量，还容易使人心不定，最后没等对手出击，自己就已经把自己折腾得筋疲力尽了。

犹豫不决的致命之处在于延误时间，而时间是赢得机会的生命线。犹豫不决并不等同于等待、观望和不成熟观点的再思考。有一些人性格上天生有多疑、易变的倾向，他们即便拥有优良的策略与计划，仍会左顾右盼，用太多的时间去思考执行或不执行，这类人在斗鸡博弈中便会处于特别不利的地位。

吉林省白山图片社原本是一家小照相馆。20世纪80年代初，市场上黑白胶卷紧缺，不少照相馆和照相器材店纷纷挂出了"黑白胶卷无货"的告示牌。到白山图片社来寻购胶卷的顾客络绎不绝，聪明的老板看出发展黑白胶卷生产这个千载难逢的机会到了，于是他马上动手扩建了100多平方米的厂房，购置了部分设备，与有关厂家开始合作生产黑白胶卷。产品上市后他们当年就获利22万元。

黑白胶卷畅销一年多后，黑白电视机又开始大量涌进市场，市场上出现了"电视机热"。在这股热浪的冲击下，电视滤色片交了好运。生产电视滤色片与生产黑白胶卷的工艺相近，转产是比较方便的，于是他们又开始生产电视滤色片，仅当年就盈利30万元。不久后他们又从市场上得知彩色胶片的需求量正呈上升趋势，而经营彩色照片洗印业务的店铺当时在东北三省还没有，因此拍完的胶卷只能千里迢迢寄到或带到北京洗印，于是他们当机立断决定马上经营这项业务。很快，他们从日本引进彩色扩印机，在东北地区独家经营彩色胶片的冲洗扩印业务，当年就盈利67万元。第二年扩大再生产，利润增加到了180万元。

这是一个决策者当机立断的典型事例。白山图片社采取"决定了就立刻行动"的策略，短短几年便发展成为一家具有相当规模的企业。

在与人博弈时，不但要有当机立断的魄力，还要有善观时局的能力，什么时候该进，什么时候该退，都要清晰明辨，这样才能充分掌握主动权，在博弈中赢得更大的胜利。

胜负难料时，如何让对手主动退出僵局

在与人博弈的过程中，即便你稍占上风，想要打败对手赢得胜利还是免不了一番周折，有时还得付出沉重的代价。在斗鸡博弈中，当参与的双方势均力敌时，虽然你在对决中有取胜的可能，但还是要考虑自身所需要付出的代价，那么此时如果能够通过向对方言明利害，让对方主动退出僵局，你就应当采取这一优势策略。

在春秋争霸时期，齐楚两个强国之间的争斗就曾陷入斗鸡博弈的僵局。当时齐桓公打着"尊王攘夷"的旗号，先后帮助燕国打败山戎、帮助邢国打败狄人的侵犯，接着，狄人又侵犯卫国，齐桓公又帮助卫国在黄河南岸重建国都。因为这几件事，齐桓公的威望提高了，他想做中原霸主的欲望也更加坚定了。而南方的楚国不但不服，还跟齐国对立起来，要跟齐国比个高低。齐国如果要称霸中原，就必须收服楚国，这样齐楚就形成了斗鸡博弈的局面。

公元前656年，齐桓公联合宋、鲁、陈、卫、郑、曹、许七国军队进攻楚国。楚国也开始组织抵抗，但楚成王仔细分析后认为，真要打起来只会两败俱伤，谁也得不到好处，他内心还是希望齐国退兵。因此他一边积极备战，一边派使臣屈完去见齐桓公。

屈完见到齐桓公就问："我们大王叫我来问问，你们齐国在北面，我们楚国在南面，两国素不往来，真的可以说是风马牛不相及，为什么你们的兵马要跑到我们这儿来呢？"齐桓公身边的管仲听后立刻替齐桓公回答道："从前召康公奉了周王的命令曾对我们的祖先太公说过：'五等诸侯和九州之长，如不守法，你们都可以去征讨。东到大海，西到黄河，南到穆陵，北到无棣，都在你们的征讨范围内。'现在楚国不向周王进贡包茅（用来滤酒的一种青茅），公然违反王礼。还有前些年昭王南征途中遇难，这事也与你们有关。我们现在兴师来到这里，正是为了问罪于你们。"屈完回答说："多年没有进贡包茅，确实是我们的过错。至于昭王南征未回，是因为船沉没在汉水中，你们去向汉水问罪好了。"

齐桓公为了炫耀兵力，就请屈完来到军中与他同车观看军队。齐桓公指着军队对屈完说："这样的军队去打仗，什么样的敌人能抵抗得了？这样的军队去夹攻城寨，什么样的城寨攻克不下？"屈完不卑不亢地回答说："国君，你如果用仁德安抚天下诸侯，谁敢不服从呢？如果只凭武力，那么我们楚国可以把方城山当城，把汉水当池，城这么高，池这么深，你的兵再勇猛恐怕也无济于事。"

齐桓公也知道，由于齐军远道征伐，趋于疲惫，相比之下楚军以逸待劳，军事上占有明显优势。如果在当时的情形下和楚国硬碰硬，胜负的确难以预料，于是就和屈完讲和退兵了。由此，齐楚两国间的斗鸡博弈也就随之破解了。

从上面的故事中我们可以看出，楚国虽然已经承认了错误，但齐国不可能仅凭屈完的一句话就撤退。最主要的是，在齐楚争霸这场博弈中，齐国这只"斗鸡"还不能接受这样的"距离"，也还没有到楚国那只"斗鸡"不能忍受的"距离"。理所当然，齐国会选择斗鸡博弈中的继续前进策略——炫耀兵力，但齐国的这种威胁对楚国来说没有可信度，相反，真要打起仗来，齐国的处境只会越来越不利。因此，当楚国言明利害之后，在没有胜算的情况下，齐国便明智地选择了退兵。

站在楚国的角度来看，楚国虽然占据了地理上的有利条件，但真要打败齐国，自己也需要付出很大的代价，更何况战局中的变数太多，谁胜谁败难以预料。因此，能让强势的齐国先行退出，对楚国而言是一种避免损失的极好的策略。

俗话说："两虎相争，必有一伤。"在竞争中，为了避免落入这样的局面，不妨借鉴楚国的做法，争取让对方主动退出，如此，僵持的局面就能够得到化解。

实力不够的时候，面子最不值钱

在斗鸡博弈中，如果自己的实力较弱，却又非常看重面子不肯示弱的话，在激烈的争斗中遭受重创的结局便难以避免。有时虽然实力不弱，但由于过于看重面子，最后也无法取得圆满的胜利。这时表面上虽然赢得了胜利，但这种胜利也是以惨烈的牺牲为代价的。从经济学的角度来看，这样的胜利未免有些得不偿失。因此，纯粹从利益的角度来考虑，当我们在生活中遭遇斗鸡博弈时，如果最终只是赢得了面子，那么这种面子不要也罢。

在现实生活中，有的人为了在朋友面前不失面子，故作大方地挥霍钱包中为数不多的钞票，然后躲回家中啃半个月方便面度日；有的人认为离婚是件很没面子的事，为了不失面子，与并不合适的伴侣将就一生，结果赔掉了自己的终身幸福。

人人都有自尊心，都会爱惜自己的面子，谁也不愿意自己脸上无光。现实生活中人们往往遵循"树活一张皮，人活一口气"的原则，这口气如果不顺畅的话，就会感到自尊心遭受了打击，面子受损。

在职场中，很多人怕丢面子，敢想不敢说，不敢表达自己的需求，更不敢表现真实的自己。如果在自我表达或自我表现时做到实事求是，不卖弄、不夸张，恰如其分，那么谁会认为你这么做"很没面子"呢？

汉武帝时期的东方朔就是一个善于表现自己的人。他刚入长安时向汉武帝送上了一份简历，这份简历由三千片竹简制作而成，公车令派两个人去抬才勉强能抬起来，汉武帝用了两个月才把它读完。东方朔在简历中毫无顾忌地说了自己一大堆优点，称自己是个不可多得的人才，汉武帝看完他的简历后心动不已，但怀疑他是在夸夸其谈，所以没有立刻重用他。

东方朔并没有灰心，而是另辟蹊径向皇帝推销自己。当时与东方朔并列的侍臣中有不少人是侏儒，东方朔就吓唬他们，说皇帝嫌他们没用，要将他们全部杀死。侏儒们吓坏了，将此事禀告了皇帝，皇帝便诏问东方朔为何要吓唬他们。东方朔见机会来了，于是说："那些侏儒身长不过三尺，每月俸禄是一袋米，二百四十个铜钱，我东方朔身长九尺有余，俸禄也是一袋米，二百四十个铜钱，侏儒饱得要死，我却饿得要死。陛下要是觉得我有用，请在待遇上有所差别；如果不想用我，可以罢免我，放我回家种田，好歹我饿不死吧。"

汉武帝听了大笑，决定马上提高他的待遇。东方朔之所以一直是皇帝面前的红人，靠的就是自我推销。

其实所谓的"面子"只不过是一种表面上的虚荣，一种自以为是的"尊严"，它并不是骨子里的自尊和自信。当你能勇敢地放下面子时，你会发现丢失面子的结果并没有你想象的那样糟糕。

那些爱面子的人在面子与利益的权衡上总是会采取一种务虚不务实的态度，把面子放在绝对不可动摇的位置上，更不可思议的是，当他们的正当利益受到损害或面临威胁时，他们还会因为害怕丢面子而无动于衷，不敢维护自己的利益，结果只能眼睁睁地看着本应属于自己的利益被别人拿走。其实，有些时候勇敢而坚决地把自己的想法说出来，撇开所谓的面子，才是最好的选择。

在斗鸡博弈中，赢了面子却输了里子的做法是不可取的，一个理性的博弈者应懂得在面子和利益的权衡中放弃前者选择后者，因为这才是明智之举。

笑到最后的才是赢家

在博弈中，如果我们从发展的角度思考，就会发现最有利于成长的策略才是真正的优势策略。除非一个策略能够保证百分百打败对手，否则任何初期的成功都可能转变为后期的失败。

因此，与人博弈时一定要纵观全局，选择有利于全局的策略，争取做最后的赢家。

有一个青年非常羡慕一位富翁取得的成就，于是他跑到富翁那里询问其成功的诀窍。富翁弄清楚了青年的来意后什么也没说，转身去拿来了一个大西瓜。青年疑惑不解地看着他，只见富翁把西瓜切成了大小不等的3块。

"如果每块西瓜代表一定程度的利益，你会如何选择呢？"富翁一边说一边把西瓜放在青年面前。"当然是最大的那块！"青年毫不犹豫地回答道，眼睛同时盯着最大的那块。富翁笑了笑："那好，请用吧！"

富翁把最大的那块西瓜递给青年，自己却吃起了最小的那块。青年还在享用自己的那块西瓜时，富翁已经吃完了最小的那块。接着，富翁得意地拿起剩下的一块，还故意在青年眼前晃了晃，大口吃了起来。实际上，富翁吃到的那两块加起来要比青年的那一块大得多。青年立刻就明白了富翁的意思，如果每块西瓜代表一定程度的利益，那么富翁最终赢得的利益自然比自己多。

在现实生活中，不同的人有不同的眼光，只顾眼前利益的人虽然会暂时获得自我满足，但却缺少一种对未来的把握和规划能力。在饭局上，我们常常会遇到拼酒的场面。许多人认为，拼就拼，最多喝醉而已，绝不能示弱，因此哪怕明知酒量不佳，也要拼了命在酒局中取胜，结果喝出胃病，更有甚者丢了性命。

而那些号称"不会喝酒，身体不适"的人，虽然没能在饭局上展现出自己的"豪气"，但最大限度地维护了自己的身体健康，这是避免发生意外的最好策略。

　　让我们从斗鸡博弈的角度看看历史上的楚汉相争。项羽于公元前209年与其叔项梁在江东聚集"八千子弟"起义，在随后抗秦的大战中显示出无人能敌的强大战斗力，被各派割据武装推为霸主。公元前206年，义军占领咸阳灭秦，项羽将刘邦打发到偏僻的汉中，自己也离开当时最富庶的关中返回彭城。随后刘邦暗度陈仓夺取了关中，接着东袭彭城，项羽即刻回兵打败汉军。随后几年，项羽屡战屡胜，刘邦屡战屡败，然而最终的结局却是，项羽于公元前202年在垓下一败而溃。

　　"力拔山兮气盖世"的英雄项羽败了，被很多人视作"无赖"的刘邦反而取得了胜利。项羽失败的原因一直为后世许多人所探究。项羽从起兵抗秦到最终在楚汉相争中失败丧生，其间战绩辉煌，用他自己的话来说就是："身七十余战，所当者破，所击者服。"可最后一战却全军溃败，到底是为什么呢？项羽最后自叹"此天之亡我，非战之罪也"。其实从博弈的角度来分析，项羽的兵败并非天命，恰恰是人为造成的。为什么这么说呢？原因有二。

　　第一个原因是，项羽一直以起兵时的"八千子弟"为骨干。史学家曾考证过这批江东首义者的出身，发现他们多是流浪、乞盗的江湖不逞之徒，勇武好斗，破坏性极强，他们纵横天下时，战斗力虽强，却有焚杀劫掠的恶习，在关中就曾有过坑杀秦军降卒、攻城后焚烧洗劫一类的暴行，因此当地百姓对他们恨之入骨。而刘邦初到关中便实行"约法三章"，为自己赢得了民心。

第二个原因与第一个原因有所关联，那就是稳固的根据地。刘邦每次兵败后都能恢复元气，关键就在于有关中作为后方，能源源不断地供应粮食和补充兵力。而项羽却从不注重建设后方，主要靠兵威四处索粮掠物，所得不多又失民心，自然不能长久。

刘邦虽然屡战屡败，但随着时间的推移，实力日益增强。而项羽虽然屡战屡胜，但实力却愈战愈衰，最后的结局也就可想而知了。

"力拔山兮气盖世"的项羽败了给文不知诗书、武不能征战的刘邦，如果要归因于偶然失手或一念之差，便是十分浅薄的认识。

楚汉之争的结局告诉我们，即使你最开始赢得了每一场战役，也不一定能赢得整个战局。相反，即使你最开始输掉了每一场战役，却依然有机会赢得最终的胜利。因此，要想做最后的赢家，就必须有全局优先的观念。只有战略的胜利，才能帮你成为真正的胜利者。

化敌为友的艺术

斗鸡博弈中最高明的策略，莫过于能把对手变成朋友。很多时候，别轻易采取"针尖对麦芒"的应对方式，而应该主动调整自己的姿态，避免两败俱伤的局面出现。如果能够"一笑泯恩仇"，把对手变成朋友，说不定还能联手找出一条能让双方共同前进的道路。当然，这不仅需要你具备宽容大度的胸怀，还得有通权达变的处世智慧。在我国历史上，宋太祖赵匡胤可谓是深谙此道。

赵匡胤在黄袍加身坐稳江山后，并没有像刘邦一样让功臣难见太平，而是通过委婉的劝说，让石守信等大将放下手中的兵权，然后心安理得地回家享福去了，从而避免了一场兔死狗烹的"血宴"。

宋太祖的宽厚容人之气量不仅体现在对待自己的臣子

上。971年，南汉的刘后主在叛乱多年后，终于投降，宋太祖不但没有杀他，反而赐予他高官厚禄，还邀请他入殿喝酒叙情。刘后主难以想象自己作为一个俘虏竟能得到如此大的礼遇，他害怕赵匡胤在酒里下毒，于是哭喊道："请陛下赦我一死，不要让我喝这杯酒。"赵匡胤听完拿起刘后主的酒杯一饮而尽，从此，刘后主成为他最信赖、最忠诚的朋友。

一般人面对敌人或对手时采取的态度是不依不饶，决不退缩，这也是"红眼斗鸡"们的共识。但是真正明智的人会选择另一种方式：站到敌人的身边去，把敌人变成朋友。

人与人之间的争斗有时是难以分出胜负的，最好的策略莫过于用自己的仁爱之心换取对方的同理心。化敌为友，是与人交往的最高境界。

新东方创业之初，自家课堂开课时隔壁的培训学校会派人跑到自己教室外发宣传单页，俞敏洪从不计较。可能是性格的原因，让俞敏洪一直在这种被欺负的环境下生活着。直到有一天，隔壁培训学校的校长突然打电话过来，说有事要跟俞敏洪谈谈，俞敏洪想这次肯定没啥好事：不会又是"捅刀子"的事吧？

没想到一见面，那家培训学校的校长竟然要求把自己所有的学生都转给新东方学校。俞敏洪非常不解，连忙细问缘由。原来那家培训学校仅有的四位老师一起要求加薪，结果未能得到校长的同意，于是四位老师一起提出辞职。校长是位下岗女工，因为咽不下这口气，不想就这么便宜了那四位老师，找俞敏洪的主要目的是想把培训学校的四百个学生全部转给俞老师的新东方学校，然后自己不干了。

这件事对别人来讲或许会感到很开心，终于少了个竞争对手，还少了个欺负自己的人。可俞敏洪却做出了常人所不能的举动，他毅然说："你请那四个老师回来吧，你告诉他们，如果他们愿意回来，你就给他们跟新东方老师一样的工资待遇，如果他们不回来，新东方就调四位老师给你们，直到你们招到老师为止。"

面对如此大度的俞敏洪，昔日的对手百感交集，从此两家的关系再也不像以前那样敌对了，甚至一度出现了这样一种"怪现象"：谁在新东方门口发广告，俞敏洪还没有生气，隔壁的竞争对手却放出话来——"谁跟新东方过不去，我就跟谁急"。

　　能够化干戈为玉帛，将一场没有赢家的争端消弭于无形，俞敏洪的做法值得我们每一个人学习。

　　1957年，当时还默默无闻的约翰·列侬在一次小型演出中认识了15岁的保罗·麦卡特尼。演出结束后，麦卡特尼批评列侬唱得不对，吉他也弹得不好，列侬很不服气。于是麦卡特尼用左手弹了一段漂亮的吉他向列侬展示了他的才能，这让列侬大为惊讶。列侬想，与其让这小子将来成为自己的对手，不如现在就邀请他入伙。于是，20世纪最成功的音乐搭档诞生了，列侬和麦卡特尼携手组建了披头士乐队，后来这支乐队风靡全球，成为音乐史上影响最深远的乐队之一。

　　聪明的列侬很有远见，在麦卡特尼还未成为对手之前快步上前站到他的身边，把他变成自己的朋友。

　　在人际交往中，如果双方博弈的结果是"零和"或"负和"，将意味着一方受损或两败俱伤。因此，为了生存，人与人之间必须学会"正和博弈"，以此达到共赢，而这也是使人际关系向着更健康方向发展的唯一做法。

第五章

信息博弈：真假杂糅中如何识别真相

你无法猜透我的底牌

"囚徒困境""智猪博弈""斗鸡博弈"等各种博弈模型都有一个前提条件——博弈参与者都知道对方所能采用的策略与各种可能发生的结局。简单地说，这些博弈都不存在信息不对称的情况，但在实际生活中，很多情况并不都是理想化的。比如，保险公司并不知道投保人真实的身体状况，只有投保人自己对自身健康状况有最确切的了解；求职者向公司投递简历，求职者的能力相对而言只有自己最清楚，公司并不完全了解。最常见的例子就是买卖双方进行交易时，交易商品的质量水平，卖方自然比买方更加了解。

有一个古董商发现了一个用珍贵茶碟做猫食碗的人，于是他假装很喜爱这只猫，想从猫主人手里买下它。猫主人一开始不卖，直到古董商开出了大价钱，才促成了这笔交易，成交之后古董商装作不在意地说："这个碟子它已经用惯了，就一起送给我吧。"猫主人不干了："你知道我用这个碟子卖出去多少只猫了吗？"古董商万万没想到，猫主人不但知道猫食碗的价值，而且还利用了他"认为对方不知道"的信息差大赚了一笔。

我们都知道《三国演义》中著名的空城计的故事：蜀国军事要塞街亭失守，司马懿引大军蜂拥而至。当时诸葛亮身边没有大将，只有一班文官，所带领的5000名士兵，也有一半运粮草去了，只剩2500名士兵在城中，众人听得这个消息尽皆失色。诸葛亮登城望之，果然尘土冲天，魏兵分两路杀来。诸葛亮传令，将旌旗尽皆藏匿，然后打开城门，每个城门之上派20名士兵扮作百姓洒扫街道，而诸葛亮羽扇纶巾，领着两名童子，带了一张琴，来到城楼上凭栏而坐，慢慢抚起琴来。

司马懿自马上远远望之，见诸葛亮神态自若，顿时心生疑忌，犹豫再三，难下决断。接着，司马懿又接到远山中可能埋伏敌军的情报，于是叫后军作前军，前军作后军，急速退去。司马懿之子司马昭问："莫非诸葛亮无军，故作此态，父亲何故便退兵？"司马懿说："亮平生谨慎，不曾弄险。今大开城门，必有埋伏。我兵若进，中其计也。"

诸葛亮见魏军退去，抚掌而笑。众人无不骇然，诸葛亮说："此人（司马懿）料吾生平谨慎，必不弄险；见如此模样，疑有伏兵，所以退去。吾非行险，盖因不得已而用之，若弃城而去，必为之所擒。"

空城计作为一个博弈的经典案例，能给我们带来很多启发。司马懿兵多将广，几乎所有好牌都抓在手里，而诸葛亮的好牌只有一张，那就是信息。问题的关键在于，司马懿不知道自己和对方在不同行动策略下的结果，而诸葛亮是知道的。诸葛亮拥有比司马懿更多的信息，他知道自己兵力微薄，因此，为了迷惑司马懿，诸葛亮偃旗息鼓，大开城门，打起了心理战。

在空城计中，诸葛亮了解双方的局势，并制造出空城的假象，让司马懿感到选择进攻有较大的失败可能。用概率论的术语来说，诸葛亮的做法加大了司马懿对进攻失败的主观概率。在司马懿看来，进攻失败的可能性较大，即司马懿认为进攻的期望效用低于退兵的期望效用。

　　司马懿想，诸葛亮一生谨慎，不做险事，只有设定埋伏才可能如此镇定自若，于是撤军而去。诸葛亮因此得以脱离险境，而司马懿却错失了活捉诸葛亮的机会。对司马懿来说，这固然是个遗憾，但并不是致命的错误，作为优势一方，他知道自己可以通过旷日持久的消耗战拖垮对方，后来他也正是这样做的。相反，如果他真的在局势不明的情况下冒险，中了对方的埋伏，这才是真正的致命错误。从这个角度来说，退兵不但不是错误，反而是司马懿的优势策略。

　　在不完全信息博弈中，参与者并不完全清楚有关博弈的一些信息。大多数纸牌游戏都是不完全信息博弈，在这些游戏中，你并不知道伙伴手中的牌，也不知道对手手中的牌，因此你在作出决策前，必须对其他玩家手中的牌作一个估计。在商品拍卖或工程招投标中，参加拍卖的潜在买主愿意为拍卖品所支付的价格或参加工程招投标的投标者愿意为工程开出的价格，只能是各个潜在买主或投标者心中的秘密，其他人是不清楚的，即使他们对外透露出愿意支付的价格，其他人也不会轻易相信。

　　当你与一个陌生人打交道时，你并不知道他的详细情况，如喜欢什么，不喜欢什么。事实上，即使与你长期共事的人你也很难说对其有足够的了解。当你买一件商品时，你并不知道卖家愿意脱手的最低价格是多少；当你招聘一名员工时，你并不完全了解其真实的工作能力如何。如此等等，生活中到处都是这样的例子。

知己知彼：博弈思维的起点

《孙子兵法》有言："知彼知己，百战不殆；不知彼而知己，一胜一负；不知彼不知己，每战必殆。"我们唯有尽可能地全面掌握自己和对方的信息，才能保证博弈的成功。

在实际情况中，"知彼"很难，但"知己"却是能够做到的。"知彼"难就难在信息获取之艰巨，"知己"虽然容易，但在实际博弈中我们也不一定能够做到充分了解自己。所谓"知己"，主要是指要熟悉我们的目标是什么，我们有哪些可以选择的策略，在对方策略给定的情况下我们选择各个策略的收益是多少，以及实现这些收益的可能性（即概率）有多大。

比如在拍卖的时候，竞价者在拍卖之前要对被拍物品进行估价，并给出自己叫价的区间。拍卖时竞价者选择这样的行为是理性的：如果别人对被拍物品的出价不超过自己的估价，自己将继续叫价；否则退出竞价。然而在真实竞价时，竞价者有时会被你追我赶的加价气氛所感染，于是不理会自己的理性分析而选择不断加价，喊出的价格就可能超出自己的理性估价。当无法准确估价时，某个竞价者最终拍得该物品后，才发现自己所出价格高于自己对该物品的估价，于是后悔不已。在这一拍卖过程中，竞价者"忘记"了自己的目标，他"忘记"了他能够叫出的价格空间，即他没能够真正地"知己"。

在实际博弈中，我们往往"忘记"我们的目标，我们不清楚自己想要什么。我们不清楚我们实现目标的可用策略，不清楚某些情况下自己的收益是多少。在不确定的情况下，我们经常与"不确定"打交道，因此必须学会计算各种情况下所得收益的多少以及可能性。我们的目的是通过自己的理性计算选择合理的策略，所以，在此之前，我们首先要做到"知己"，全面掌握与自己相关的各种信息。

然而仅仅"知己"是不够的，我们还要"知彼"。我们能获取多少收益不仅取决于我们自己的策略或行动，还取决于与我们共同博弈的其他理性人的策略或行动（当然他人的利益也取决于我们的策略或行动），即我们与他人的利益是相互作用的。

这就要求我们作为博弈参与者必须要了解与我们进行博弈的对方的情况：与我们"玩游戏"的对方是一个人还是多个人？他们各自的目标是什么？他们可能选择的策略是什么？这就是"知彼"。同时，"知彼"还要求我们站在对方的立场设身处地地思考。我们要假定对方与我们一样具有理性分析能力，他们有自己追求的目标，他们也想通过自己的策略达到自己的目标。

转变一下观念，学会站在对方的立场看问题，你会发现，你变成了别人肚子里的蛔虫，他们的所思所想、所喜所忌都进入了你的视线中。如此一来，在各种交往中你便都能做到从容应对。

有这样一个故事：通过门上一个很小的窗口，囚犯看到走廊里的卫兵深深地吸了一口烟，然后美滋滋地吐了出来。囚犯很想吸一支香烟，于是轻轻地敲了敲门。卫兵慢慢地走过来，傲慢地说道："想要什么？"囚犯回答说："对不起，请给我一支烟……就是你抽的那种，万宝路。"卫兵嘲弄地哼了一声，转身走开了。

囚犯又敲了敲门，这一次他的态度是威严的。卫兵吐出一口烟雾，恼怒地扭过头问道："你到底想干什么？"囚犯回答道："对不起，请你在30秒之内把你的烟给我一支，否则我就用头撞这混凝土墙，直到撞得自己血肉模糊，失去知觉为止，如果监狱当局把我从地板上弄起来，让我醒过来，我就发誓说这是你干的。当然，他们绝不会相信我，但是，想一想你必须出席每一次听证会，你必须向每一个听证会委员证明你是无辜的，想一想你必须填写一式三份的报告，想一想你将卷入的事件吧，所有这些都只是因为你拒绝给我一支劣质的万宝路！就一支烟，我保证不再给你添麻烦了。"

卫兵会从小窗里塞给他一支烟吗？当然给了。他替囚犯点上烟了吗？当然点上了。为什么呢？因为卫兵马上明白了事情的利弊。囚犯看穿了士兵的立场和禁忌，或者说弱点，最终使自己的要求获得了满足。

站在对手的立场上思考，在某些场合下类似于我们日常所说的"换位思考"。通过"换位"了解他人的所思所想，从而使我们自己作出正确的策略选择。

　　总而言之，"知己"与"知彼"是正确推理与计算的前提，我们只有尽可能地全面掌握双方的信息，才能最大可能地赢得博弈的胜利。

藏好你的底牌和情绪

在博弈中，有的人会利用虚假信息虚张声势，这种策略归根结底是要藏好自己的底牌。这种策略一般发生在两种情况下：一是自己具备一定实力，通过迷惑对手，使之出现破绽，一击致命；二是自己本身没有什么实力，只能靠虚张声势换取对方让步。

在进化过程中，有不少动物选择了用虚张声势的手段来伪装自己，利用身体的部分特色来造势，迷惑或者吓退敌人。河豚遇到危险时会把扁平的肚子瞬间膨胀成可怕的大圆球，以此来吓退敌人；豪猪身上长着许多硬刺，遇敌时皮肤底下的肌肉收缩，把硬刺竖起来，威吓对方，同时还不断发出一种吼叫，表明自己是不好惹的；臭鼬用它那特殊的黑白毛色警告敌人，如果敌人靠得太近，它会低下身子，竖起尾

巴，并用前爪跺地进一步发出警告。如果这样的警告仍旧未
被理睬，臭鼬便会转过身，向敌人喷射一种恶臭的液体。这
种液体会导致被击中者短时间内失明，其强烈的臭味在方圆
800米的范围内都可以闻到。所以即便是某些大型猎食动物，
除非非常饥饿，一般都会避开臭鼬。不幸的是，许多臭鼬是
被汽车撞死的。它们还不知道撞上汽车会有生命危险。面对
一辆即将驶过来的汽车，它们往往会站在那儿翘起尾巴，希
望能把汽车吓走。可见，虚张声势也得搞清楚对象，否则就
会弄巧成拙。

　　装死也是弱小动物迷惑敌人的一种惯用手段。有些动物
受到攻击或惊吓时会自动倒下，十分逼真地装出一副已经死
亡的架势。

　　负鼠以擅长装死而闻名，当它受到惊吓时就会装死。
它在装死时还会瞪直双眼，半张嘴巴，装出一副僵硬的
痛苦的表情。当敌人离开后，这具"死尸"便会恢复正常
活动。

　　负鼠装死的伎俩之所以行之有效，是因为很多凶残的猛
兽——狮子、老虎、狼等都不会贸然接近刚死的猎物，这就

给负鼠提供了逃生的机会。

据说最会装死的是某些蛇类，其中猪鼻蛇的表演水平堪称一流。

猪鼻蛇是一种微毒蛇，但在与敌人遭遇时，它会模仿剧毒的眼镜蛇发起攻击的样子——它把颈部弄扁，使身体膨胀，口中咝咝作响，尾巴还不住地摇摆着，就好像它是响尾蛇的远房亲戚。受到惊吓的对手一般都会仓皇逃跑。如果猪鼻蛇的这一招没能把敌人吓住，它就会施展装死术：先是浑身痉挛，接着肚皮朝天就地而卧。猪鼻蛇装死时还会偷偷地注视着敌人的动静，如果敌人在一旁盯着，它就继续装死，等对方的视线一离开，它马上就会开溜。更有趣的是，当你把它肚皮朝天的身体翻转过来摆正时，它会立即又翻过去，以表示自己确实是一条死蛇。

在战场上，用与周围背景相融合的颜色来隐蔽军事装备和人员，能起到迷彩伪装的作用。比如将树枝或绿草遮盖在坦克、大炮、汽车、工事上，以隐蔽各种军事目标。人们把在草原、森林地带活动的坦克、大炮等涂上绿色；把在沙漠地带活动的坦克、大炮等涂上褐色；给飞机涂上白云一样的图案；把在大海中活动的军舰涂上海水一样的蓝白色；等等。目前，世界上许多国家已将坦克、飞机、舰艇、运输车辆等装备，由原来只涂一种颜色发展为涂三四种颜色，甚至涂成五六种不定型的斑点，使其变成光怪陆离的"花坦克""花飞机""花汽车""花舰艇"，这样的迷彩伪装使得飞机、大炮、坦克等在活动时很难被敌方发现。

哭泣，本是人的情感自然流露，是情绪的释放。然而，刘备的哭泣，却是一种高明的博弈手段。刘备"放声大哭""言讫又哭""以头顿地而哭"……如果我们单就《三国演义》中刘备的情形来看，与其说刘备的霸业是凭借诸葛亮的谋略加上关羽、张飞、赵云等人的神勇得来的，还不如说是刘备"哭"出来的。

刘备在北海救孔融时，到公孙瓒处与赵云初次相遇，临走时与赵云哭别。这一哭，让赵云在公孙瓒兵败后径直来投刘备，使刘备得到了一员猛将；张飞被手下杀害后，"先主放声大哭，昏绝于地"；关羽败走麦城，刘备在后来看见关兴时"放声大哭""言讫又哭"，再"以头顿地而哭"；白帝城托孤时，刘备抚着诸葛亮的背说："嗣子孱弱，不得不以大事相托"，说完"泪流满面"，让诸葛亮后半辈子为"扶不起的阿斗"殚精竭虑，死而后已。

刘备在《三国演义》中哭过很多次，以致我们对刘备之哭有着深刻印象。事实上曹操也哭过，而且曹操的哭和刘备的哭有异曲同工之妙，但由于曹操不像刘备那样动辄哭泣，所以他的哭更显得珍贵，更能笼络将士的心。

《三国志》中记载，曹操在攻下邺城之后亲自到袁绍墓地祭祀，"哭之流涕"。《三国演义》中也描述了曹操在袁绍灵前设祭，"再拜而哭甚哀"的场景。史书与小说中都提到曹操是哭过袁绍的。这一哭想必让当时的将士感触良多，面对着曾经不共戴天的敌人，曹操"哭之流涕"，这种"真性情"的流露，必然会让老部下们对曹操忠贞不贰。

曹操还哭过部将典韦。在曹操拿下宛城后，投降没多久的张绣突然反叛，将曹操打了个落花流水。幸亏典韦死拒寨门，曹操才得以保全性命。脱险后，曹操设祭祭奠典韦，"哭而奠之"，并对将士们说"吾折长子、爱侄，俱无深痛；独号泣典韦也"，结果，他身边的那些将士都十分感动，"众皆感叹主公之爱士，过于亲子"。

　　毛宗岗对此的评述是：哭典韦之哭，是为了感动众将士，"哭胜似赏""可作钱帛用"，曹操之哭所发挥的作用，实在不比刘备之哭逊色。

信息不对称下的逆向选择

逆向选择是指由于交易双方信息不对称和市场价格下降产生的劣质品驱逐优质品，进而出现市场交易产品平均质量下降的现象。美国经济学家乔治·阿克尔洛夫于1970年提出了著名的旧车市场模型，开创了"逆向选择"理论的先河。

在旧车市场上，买者与卖者之间对汽车质量信息的掌握是不对称的。卖者知道所售汽车的真实质量。一般情况下，潜在的买者要想确切地辨认出旧车市场上汽车质量的好坏是非常困难的，他最多只能通过外观、介绍及简单的现场试验等来获取有关汽车的质量信息，然而从这些信息中很难准确判断出车子的质量，因为车子的真实质量只有通过长时间使用才能看出。因此，旧车市场上的买者在购买汽车之前，并不知道哪辆汽车是高质量的，哪辆汽车是低质量的，他只知道旧车市场上汽车的平均质量。

在这种情况下，买者一般只愿意根据平均质量支付价格。但这样一来，质量高于平均水平的汽车的卖者就会将他们的汽车撤出旧车市场，市场上只剩下质量低的汽车的卖者。结果是，旧车市场上汽车的平均质量降低，买者愿意支付的价格进一步下降，更多的较高质量的汽车退出市场。在均衡的情况下，只有低质量的汽车成交，极端情况下甚至没有交易。

在旧车市场上，高质量汽车被低质量汽车排挤到市场之外，市场上留下的只有低质量汽车。也就是说，高质量的汽车在竞争中失败，市场选择了低质量的汽车。这违背了市场竞争中优胜劣汰的法则，所以我们把这种现象叫作逆向选择。

逆向选择对经济是有害的。高质量产品的卖者和需要高质量产品的买者无法进行交易，双方效用都受到损害；低质量的企业获得生存发展的机会和权利，迫使高质量的企业降低产品质量，与之"同流合污"；买者以预期价格获得的却是低质量的产品。

　　以医疗保险为例，不同投保人的风险水平不同，有些人风险水平高，比如他们容易得病，或有家族遗传病史，而另一些人风险水平低，比如他们生活有规律，饮食结构合理，或者家族成员寿命都比较长。这些信息是投保人的私人信息，保险公司无法完全掌握。如果保险公司对所有投保人制定统一保险费用，由于保险公司事先无法辨别投保人的风险水平，这个统一的保险费用只能按照总人口的平均发病率或平均死亡率来制定，所以它必然低于高风险投保人应当承担的费用，同时又高于低风险投保人应当承担的费用。在这种情况下，低风险投保人会因不愿负担过高的保险费用，从而选择退出保险市场。这时，保险市场上只剩下高风险的投保人。简单地说，这时高风险投保人驱逐低风险投保人的逆向选择现象发生了，其结果是保险公司的赔偿概率将超过根据统计得到的总体损失发生的概率，保险公司出现亏损甚至破产的情况也将有更大的概率发生。

　　资本市场上也存在着逆向选择。比如，对银行来说，其贷款的预期收益既取决于贷款利率，也取决于借款人还款的平均概率，因此银行不仅关心利率，也关心贷款风险：即借款人有可能不归还借款。一方面，银行可以通过提高贷款利率增加自己的收益；另一方面，当银行不能观测特定借款人的贷款风险时，提高贷款利率将使低风险的借款人退出市场，从而使得银行的贷款风险上升。结果是，贷款利率的提高反而降低了银行的预期收益。显然，正是由于贷款风险信息在银行和借款者之间分布并不对称，导致了逆向选择的发生。

所罗门王断案：验证、甄别信息的巧思

在社会经济活动中，人们常常选择隐藏自己真实的信息，最典型的例子是，买东西的人常常埋怨东西太贵，同时厂商又总是埋怨东西卖不出好价钱。

在经济学家看来，对价钱的抱怨是自相矛盾的。如果嫌价高，你可以不买；如果嫌价低，你可以不卖。因为在市场上，人们最终不是用言词，而是用行动来表示他们的喜好，如果你自愿做某笔交易，说明你认为做这笔交易至少比不做要好。虽然两块钱买一把菜你嘴上嫌贵，但你还是买了，买了就说明你内心觉得这笔交易是值得的，否则你可以不买，因为没人强迫你。

由此可见，提取和甄别信息是我们每个人在博弈中要面临的大问题。《圣经》中记录了一个所罗门王断案的故事。

两个女人为争夺一个孩子吵到了所罗门王那里，其中一个女人说："我和这妇人同住一个房间，我生了一个孩子，三天以后这妇人也生了一个孩子，房间里再没有别人。夜里这妇人睡觉的时候把自己的孩子压死了，她半夜醒来趁我睡着把我的孩子抱去，把她已经死了的孩子放在我的怀里，天亮要喂奶时我才发现怀里的孩子是死的，仔细察看发现并不是我生的孩子。"

另一个女人赶紧说："不对，活孩子是我的，死孩子才是她的。"两人吵得不可开交。所罗门王喝令她们别吵，又吩咐下人拿刀来，"把孩子劈成两半，一半给这个妇人，一半给那个妇人。"其中一个女人赶紧说："大王，把孩子给那个妇人好了，万不可杀他。"而另一个女人说："这孩子既不归我，也不归她，劈了算了。"

所罗门王由此知道，心疼孩子的女人一定是孩子的亲生母亲，于是吩咐下人把孩子给了她。

所罗门王断案的故事为我们提供了一种获取和甄别信息的思路：可以通过设计一套博弈规则让不同类型的人作出不同的选择，以此推演出他们的真实信息。

　　我们都知道垄断企业可以获得超额利润，然而许多垄断厂商并未如人们所料想的那样高价销售商品，而是以低价长期销售某种产品。譬如，某些发达国家的私营铁路、航空、航海等出行价格都长期远低于按照其垄断定价方法给出的价格。其实这个问题的解决方法就是信息甄别，比如在机票、船票上设置头等舱、经济舱等差别定价法。

　　对于出行，不同的人所愿意支付的价格实际上是不一样的，有的人收入高一些，或者花钱大手大脚一些，就更愿意支付较高的价格；相反，收入低的人或花钱比较谨慎的人就只愿支付较低的价格。

　　航空或航海公司为了将具有不同支付意愿的人区分开来，便设计了这样一种信息甄别机制。这是减少逆向选择的又一种途径，当飞机或轮船的舱位条件和价格完全相同时，不同支付意愿的人都会倾向于低价买票，不会有人愿意支付比别人更多的钱去买相同舱位的票，于是航空公司或航海公司将舱位分成头等舱、二等舱等，价格不同，对应的服务也不同，这样就可以将不同支付意愿的顾客区分开来。

　　头等舱比其他等级舱位的价格要高出很多，不过这并不代表相应的服务一定比其他舱位好出相应的倍数，其背后的逻辑是：头等舱旅客的支付意愿要远高于其他舱位的人。说白了就是，坐头等舱的人比坐其他舱位的人更有钱或更能花钱。

旅客的支付能力无法观察，但买什么舱位的票却能够被观察到，这样航空公司就可以识别出不同支付意愿的顾客，以此赚取更多的利润。

假设有两位旅客A和B乘飞机出行。A的最高支付能力为1000元，B的最高支付能力为1500元。经济舱的服务成本为800元，头等舱的服务成本为1200元。经济舱带给A和B的消费满足感为1000元，头等舱带给A和B的消费满足感为1800元。如果没有头等舱，航空公司最多把票价定到1000元，利润为2×（1000-800）=400元。但当设立头等舱后，航空公司可以将经济舱票价定为1000元，将头等舱票价定为1500元。此时，A以1000元买经济舱，B如果买经济舱，则其净效用（也就是获得的消费满足感减去付出的代价的净值）为1000-1000=0，但当B买头等舱时，其净效用为1800-1500=300元，所以B会买头等舱。此时航空公司的利润为（1000-800）+

（1500−1200）=500元。如此一来，航空公司通过设计筛选机制，提高了公司的利润。

由此给我们带来的启发是，当我们无法直接判断对方的真实信息时，可以转变思维，设计出一套检验规则，让那些信息自动暴露出来。

第六章

生存博弈术：我不是教你诈

千古历史一盘棋

历史上，李鸿章的"千年未有之大变局"，赵翼的"秦汉间为天地一大变局"，释志文的"年光似鸟翩翩过，世事如棋局局新"，杜甫的"闻道长安似弈棋"，这种"历史弈局"的观念无不闪烁着博弈的智慧。在历史的弈局中，任何策略、角色、局面都可能出现，其精彩程度丝毫不亚于今日世界的经济博弈。

人们熟知的田忌赛马就是一个典型的博弈案例。齐国的大将田忌很喜欢赛马，有一回他和齐威王约定进行一场比赛，他们商量好把各自的马分成上、中、下三等，比赛时要上马对上马，中马对中马，下马对下马。由于齐威王每个等级的马都比田忌的马强得多，所以田忌毫无意外地败下阵来。田忌觉得很扫兴，垂头丧气地离开了赛马场。这时田忌发现人群中有个人是自己的好朋友孙膑。孙膑招呼田忌过来，拍着他的肩膀说："我刚才看了赛马，大王的马比你的马快不了多少呀。"孙膑还没有说完，田忌就瞪了他一眼："想不到你也来挖苦我！"孙膑说："我不是挖苦你，你再同他赛一次，我有办法让你赢。"田忌疑惑地看着孙膑："你是说另换几匹马来？"孙膑摇摇头说："一匹马也不需要更换。"田忌毫无信心地说："那还不是照样得输！"孙膑胸有成竹地说："你就按照我的安排来吧。"

　　齐威王正得意扬扬地夸耀自己的马匹时，看见田忌陪着孙膑迎面走来，便站起来讥讽道："怎么，莫非你还不服气？"田忌说："大王，咱们再赛一次！"说着，把一大堆银钱倒在桌子上，作为他下的赌注。齐威王一看，心里暗暗好笑，于是吩咐手下把前几次赢的钱全部抬来，另外又加了一千两黄金，也放在了桌子上。齐威王轻蔑地说："那就开始吧！"一声锣响，比赛开始了。孙膑先以下等马对齐威王的上等马，第一局输了。齐威王站起身说："想不到赫赫有名的孙膑先生竟然想出这样拙劣的对策。"孙膑不去理他。接着进行第二场比赛，孙膑拿上等马对齐威王的中等马，胜了一局。齐威王开始有点心慌意乱了。第三局比赛，孙膑拿中等马对齐威王的下等马，又胜了一局。这下齐威王彻底目瞪口呆了。

比赛的结果是三局两胜，田忌赢了齐威王。和原来比，还是同样的马匹，只是调换了出场顺序，便得到了转败为胜的结果。

从这个故事中，我们可以看出：只要讲究博弈策略，排阵有方，即使是实力较弱的一方，也有可能打败实力较强的一方，取得最终的胜利。

翻开历史，我们会发现一个有趣的现象，很多时候，能够成就一番伟业的，往往不是那些天赋异禀的人杰，而是那些拥有博弈智慧的人。

下面我们就拿刘邦和项羽来比较分析一下。《史记》记载，韩信曾对刘邦说，项羽是"匹夫之勇""妇人之仁"。"项王见人恭敬慈爱，言语呕呕，人有疾病，涕泣分食饮"，然而"所过无不残灭者，天下多怨，百姓不亲附，特劫于威强耳。名虽为霸，实失天下心"。项羽是豪杰，是英雄，是君子，却缺乏谋略。而刘邦作为一个博弈者，他是非常理智的。一个著名的例子是，当项羽抓住刘邦的父亲，威胁"今不急下，吾烹太公"，刘邦的回应是："吾与项羽俱北面受命怀王，曰'约为兄弟'，吾翁即若翁。必欲烹而翁，则幸分我一杯羹。"刘邦可谓摸透了项羽的贵族脾气和妇人之仁。项羽最终并没有杀太公，非但如此，一旦约定鸿沟为界，"即归汉王父母妻子"，以为大家从此相安无事了，刘邦因此再次获得了翻身的机会。在刘邦与项羽的博弈中，刘邦充分把握了对手的心理，通过各种策略为自己赢得了一次次机会，最终实现了以弱胜强。

员工与企业的博弈

　　在职场中，薪酬是员工与企业之间博弈的对象，这一博弈过程与"囚徒困境"相似。由于员工和企业很难真正相互认同，双方都是在考察对方后再决定自己的行为。员工会考虑：拿这样的薪酬是否值得付出额外的努力？企业又不是自己的，老板会了解、会认同自己的努力吗？公司会用实际回报来承认自己的努力付出吗？公司方面会考虑：员工的能力是否能胜任现在的工作？给员工的薪酬待遇是否过高？员工是否会对公司保持持续的忠诚？

　　有这么一项有趣的调查：875位接受调查的人力资源主管中，60%的人表示会在和员工面谈时对薪水保留一些弹性空间，只有30%的人说绝对不能调整，其余10%则是要视对方的态度而定。

俗话说，"会闹的孩子有糖吃"，谈薪水这件事不见得一定能让你的需求得到满足，但你一旦发出声音，至少会让你的主管多一个考虑的因素。当企业与员工的关系逐渐脱离传统的上对下雇佣，逐步走向平等互惠，对于你的合理要求，企业也未必全然不能接受。重点是："谈薪水，请给我一个足够的理由。"如果你无法提供极具说服力的理由，企业必然不会满足你的想法。

除了在面谈中要清晰地表达自己的市场价值，对上班族来说，还应该建立另一种积极的认知：争取合理的薪资是一个长远的目标，第一次没谈成不代表就要放弃。

有这样一个故事：一位总裁某次跟朋友闲聊时抱怨："我的秘书小乔来了两个月了，什么活都不干，还整天跟我抱怨工资太低，吵着要走，烦死人了。我得给她点颜色看看。"朋友说："那就如她所愿，炒了她呗！"总裁说："好，那我明天就让她走。""不！"总裁想了想又说，"那太便宜她了，应该明天就给她涨工资，翻倍，过一个月之后再炒了她。"朋友问："为什么？既然要她走，为什么还要多给她一个月的薪水，而且是双倍的薪水？"总裁解释说："如果现在让她走，她只不过是失去了一份普通的工作，她马上可以在就业市场上再找一份同样薪水的工作。一个月之后让她走，她丢掉的可是一份可能她这辈子也找不到的高薪工作。"

一个月后，该总裁开始欣赏小乔的工作，尽管她拿了双倍的工资，可因为她的工作态度和工作成果和一个月之前不可同日而语，于是该总裁并没有像当初说的那样炒掉她，而是开始重用她。

从总裁的角度来看，他运用博弈策略，通过增加薪酬使员工发挥出了实力。如果当初他把小乔炒掉，势必会给双方都带来一定的负面影响。如果从公司的管理角度来看，这个故事则说明了一个现象：许多员工在工作中经常会不断地衡量自己的得失，如果认为企业能够提供满足或超过他个人付出的收益，他才会安心、努力地工作，充分发挥个人的主观能动性，把自己当作企业的一分子。但是企业很难判断或衡量一个人是否有能力完成对应工作，是否能够在得到高薪酬后实现企业期待的工作成绩。这是老板们经常会面临的决策风险。

由于员工和企业都无法完全地信任对方，因此就出现了"囚徒困境"一样的博弈过程。企业只有制定一个合理、完善、相对科学的管理机制，使员工能够获得应有的报酬，或让员工相信他能够获得应得的报酬，员工才会心甘情愿地努力工作，从而实现企业和员工的双赢。

在博弈的过程中，员工在衡量个人的收益与付出是否对等时会有三个衡量标准：个人公平、内部公平和外部公平。

所谓个人公平，就是员工个人对自己能力的发挥和为公司所做贡献的评价是否获得了收入方面的满足，这取决于员工对自我能力的评价。如果员工认为自己是高级工程师水平，承担着高级工程师的工作任务和责任，而公司给予他的却是普通工程师的薪酬待遇，员工自然会产生怨气，于是就会出现两种结果：员工或是消极怠工，或是选择离开。

企业要想保证个人公平，最重要的就是量才而用，并为真正有才能的人创造脱颖而出的机会。一味地强调奉献，不但无济于事，更是对员工的欺骗和不尊重。海尔集团的人才观是"赛马不相马"，它的意思并不是不需要量才而用，而是说不以领导对个人的评价作为竞争的评价标准，真正做到公正透明，以个人在工作中的实际绩效作为评价机制和评价标准。企业要想保证个人公平，还应该事先说明规则，保证让双方明白相互之间的权利和义务。

内部公平是指不同类型工作的报酬与工作本身的价值相匹配。对于企业来说，个人无法完成工作的各个工序，因此需要团队间的相互协调和配合。某个员工对企业做出的贡献实际上很难衡量，企业也很难在岗位相近的员工之间进行横向比较。而过多人为干预、领导主观对员工的评价一旦反映在薪酬待遇上，通常起不到激励员工的积极作用，反而多是消极作用。公司只有建立统一的薪酬体系、科学的岗位评价和公正的考核规则，才能保证内部公平。

外部公平指的是员工个人的收入与劳动市场上同类员工的平均收入水平相当。科学管理之父泰勒对此有深刻的认识，他认为，企业必须在适合岗位要求的员工的薪酬水平上增加一份激励薪酬，以保证这份工作是该员工所能找到的最高工资的工作，一旦该员工失去这份工作，将很难在社会上找到同等收入的工作。如此一来，该员工才会珍惜这份工作，努力完成工作要求。

很多公司在招聘人才时，都强调公司实行的是同行业有竞争力的薪酬标准。什么叫有竞争力的薪酬标准？就是在同行业公司之间的薪酬比较。比如，一个软件架构设计师在外企的薪酬是每月三万元人民币，而同一行业、同一类型的国内公司要想聘请到同档次的软件架构师，薪酬水平就不能低于外企的薪酬水平。

对企业来说，薪酬设计的关键因素是内部公平与外部公平，个人公平虽然难以从外部表现来衡量，但对员工积极性的影响是切实存在的，企业需要通过与员工的沟通，缩小双方的认知差距，双方都要认识到员工的真实劳动价值，以及市场平均水准。只有实现互信，才能保障共赢。

跳槽还是卧槽：两难境地何去何从

在职场中，每个人都知道"此处不留人，自有留人处"的道理，于是跳槽变成了一件很平常的事。然而跳槽并非在任何时候都是一件益事。当情况不利时，跳槽就会变成一种风险。既然跳槽有时会是一种风险，我们又该如何判断它呢？事实上，我们完全可以通过运用博弈的策略，来判断跳槽对自己是否有利。

假设员工M在A公司从事K岗位的工作，其人力资源价值是x元/月，出于种种原因，M有跳槽的意向，他在人才市场上投递了若干份简历，B公司表示愿以y元/月的薪酬聘任M从事与A公司K岗位类似的工作（y>x）。这时A公司面临两种选择，第一种，默许M的跳槽行为，以p元/月的薪酬聘任N从事K岗位的工作（y>p）；第二种，为了留下M，将M的薪酬提升到q元/月，当q≥y时，M才不会跳槽。

当员工M有跳槽的想法时，A公司和员工M之间的信息就不对称了。很明显，员工M占有更充分的信息，因为A公司不知道B公司愿意给M支付多少薪酬。当员工M提出辞职时，A公司会首先考虑员工M所处岗位人力资源的可替代性，如果M不具有可替代性，那么A公司就会以提高薪酬的方式留住M，员工M经过讨价还价后，A公司会将员工M的薪酬提升到不低于y元/月的水平。如果M具有可替代性，那么A公司就会默许M的跳槽行为。

其实每个公司都会针对员工的辞职申请作出两种选择：默许或挽留。相应地，员工也会作出两种选择：跳槽或留任。实际上，对待跳槽问题公司和员工都会基于自身的利益讨价还价，最后作出对自己有利的选择，究其本质，是公司和员工的博弈过程，无论员工最后是否跳槽，都是这一博弈的纳什均衡。

以上只是基于信息经济学进行的理论分析，实际上当存在招聘成本时，即便人力资源具有可替代性，公司也会采取一定的手段阻止员工跳槽。另外，对员工来说，跳槽也存在择业成本和风险：新公司是否有发展前景？到新公司后是否有足够的发展空间？新公司增长的薪酬部分是否能弥补原来的人际关系资源？在决定跳槽前，这些问题必须得考虑清楚。这只是员工一次跳槽的博弈，从一生来看，一个人要换很多家公司，尤其是当下的年轻人，跳槽更为频繁。将一个员工一生中多次分散的跳槽博弈组合在一起，就构成了多阶段持续的跳槽博弈。

实际上，员工每跳一次槽，就会给下一任雇主提供自己正面或负面的信息。比如跳槽过于频繁的员工会让人觉得不够忠诚，以往职位一路高升的员工会给人一种潜力无限的印象，长期辗转于小公司的员工会让人觉得缺乏魄力……员工以往的跳槽行为给新雇主提供的信息，对员工自身的影响最终将通过公司对其人力资源价值的估算表现出来。

王小姐原先在一家酒店做客房销售，工作业绩不错，人缘也挺好，因此时常得到上司的赞赏。后来，一些客观原因严重影响了酒店客房的销售，酒店的经营状况一落千丈，加上原本并不完善的经营管理体制，导致酒店很难在短时期内重振业绩，王小姐的薪水也相应减少了很多。面对这种情形，王小姐决定跳槽。她因为曾经有过财务方面的短期培训，于是选择到一家民营企业去做财务，每月薪水比原先多出1000元。可没干多久，王小姐就发现财务工作远非自己所想的那么简单，后来因为压力实在太大，不得不辞职。当她重新回到酒店行业找工作时，却被很多公司拒之门外。

因此，"跳槽一族"在决定跳槽前一定要避免盲目，既要考虑自己的专业、技能、经验、性格是否和目标岗位的要求相符合，也要顾及职业生涯的可持续发展，在通盘考量这些因素后再决定是否跳槽以及往哪里跳，这是降低跳槽风险的理想方法，也是获得职业成功的关键所在。

与人相处的最佳距离

　　生物学家做过这样一个实验：寒冷的冬天，把十几只刺猬放到户外的空地上，这些刺猬被冻得浑身发抖，为了取暖，它们只好紧紧地靠在一起，而相互靠拢后它们又因为忍受不了彼此身上的刺很快就又各自分开。挨得太近，身上会被刺痛；离得太远，又冻得难受。就这样反反复复地分了又聚，聚了又分，刺猬们不断地在受冻与被刺之间挣扎。最后它们终于找到了一个适中的距离，既可以相互取暖，又不至于被彼此刺伤。

　　人们常常用"刺猬法则"来指代人际交往中的"心理距离效应"。与人相处要保持适当的距离，这样人际关系才会更加稳定。

　　法国前总统戴高乐就是一个很会运用"刺猬法则"的

人，他有一个座右铭："保持一定的距离！"在他十多年的总统任职岁月里，他的秘书处、办公厅和私人参谋部等顾问和智囊机构里，没有谁的工作年限能超过两年。他对新上任的办公厅主任总是这样说："我使用你两年，正如人们不能以参谋部的工作作为自己的职业，你也不能以办公厅主任作为自己的职业。"这就是戴高乐的规定。他的这一规定出于两方面原因：一是在他看来调动才是正常的，而固定是不正常的。这种观念是受部队做法的影响，因为军队是流动的，没有始终固定在一个地方的军队。二是他不想让任何人变成他"离不开的人"。这表明戴高乐是一位主要靠自己的思维和决断生存的领袖，他不允许身边有永远离不开的人。只有调动才能保持一定距离，而唯有保持一定的距离，才能保证顾问或参谋的思维和决断具有新鲜感并充满朝气，也能在一定程度上杜绝一些"老资历"利用总统和政府的名义营私舞弊。

建筑工人铺设水泥地时总会用一些长长的小木条将水泥地隔成一个个方块，待水泥地干爽后再将木条从水泥地里取出，这样每块水泥地之间便留下了一道道窄小的缝隙。这里运用的是热胀冷缩的原理，水泥受热膨胀、遇冷收缩，给它们之间留有缝隙，就是给它们一个自由伸缩的空间，这样水泥地就不会因冷热变化而发生破裂，自然也就更加坚固耐用。

　　其实经营人际关系跟铺设水泥地一样，只有保留适当的距离，才能给人际关系留下一个自由伸缩的弹性空间，才能不被偶尔的情感冷热造成伤害，这样建立起来的人际关系才更牢固、长久。

商业谈判中的报价策略

根据枪手博弈和智猪博弈理论，先发制人和后发制人策略各有优势。在商业谈判中，"先报价好还是后报价好"反映的正是先发制人和后发制人策略的选择问题。

一般情况下，一场谈判中发起谈判者应该先报价，投标者与招标者之间应由投标者先报价，卖方与买方之间应由卖方先报价。先行影响、制约对方是先报价的好处，先报价能把谈判限定在一定的框架内，在此基础上最终达成协议。比如你是卖方，你先报价一万元，那么买方很难奢望还价到一千元。很多服装商贩深谙此道，他们报出的价格一般会超出顾客拟付价格的一倍甚至几倍。比如一件衬衣只要卖到60元的价格商贩就心满意足了，可他们却报价160元，就是因为他们考虑到大部分人不好意思还价到60元以下。当然，卖方先报价也应该有个度，不能漫天要价，使对方不屑于谈判——假如你到市场上问小贩一斤鸡蛋多少钱，小贩说300元，相信你决不会费口舌与他讨价还价。

先报价有一定的好处，但它也同时泄露了一些"情报"，使对方听到后可以把心中隐而不报的价格与之相比较，然后进行调整，合适就拍板成交，不合适就利用各种手段进行杀价。

著名发明家爱迪生在美国某公司做电气工程师时，发明了一种通信器材，并申请了专利，公司经理表示愿意购买他的这项专利权，并问他要多少钱。爱迪生心想能卖到5000美元就很不错了，但他并没有说出来，而是说："我的这项发明专利权对公司的价值你也是知道的，所以，价钱还是请您自己说一说吧！"经理报价道："40万美元，怎么样？"爱迪生简直不敢相信自己的耳朵，这比他预期的收益要高出几十倍，因此谈判自然是没费周折就顺利结束了。在这个故事中，"后报价"反而成了爱迪生的优势策略。

由此可见，谈判中到底应该选择"先声夺人"还是"后发制人"，要根据不同的情况作出灵活应对。一般情况下，如果你准备充分，而且知己知彼，就一定要争取先报价；如果你不是谈判高手，而对方是，那么你就要沉住气，不要先报价，要从对方的报价中获取信息，及时修正自己的想法；但如果你的谈判对手是个外行，那么不管你是内行还是外行，都要争取先报价，力争牵制、诱导对方。自由市场上的老练商贩大都深谙此道，当顾客是个精明的家庭主妇时，他们就采取先报价的策略以防备对方来压价；当顾客是个毛手毛脚的小伙子时，他们就会先问对方"给多少"，因为对方有可能会报出一个比自己的期望值还要高的价格，而如果先报价的话就可能会失去这个机会。

有一些特殊的报价方法，背后涉及语言表达方面的技巧。同样是报价，表达方式不同，其效果也是不一样的。有一家保险公司为动员液化石油气用户参加保险，宣传说：参加液化气保险，每天只交保险费一元，若遇到事故，则可得到高达一万元的保险赔偿金。这种说法用的是"除法报价法"，它是一种价格分解术，以商品的数量或使用时间等概念为除数，以商品价格为被除数，得出一个数字很小的价格商，使买主对本来不低的价格产生一种便宜、低廉的感觉。

如果说每年交保险费365元，效果就会大打折扣。因为365元是笔不小的费用，而用"除法报价法"说成每天交一元，人们在心理上会更容易接受。

除了"除法报价法"，还有一种"加法报价法"。有时商家害怕报高价会吓跑客户，就把价格分解成若干层次渐进提出，使若干次的报价最后加起来仍等于当初想一次性报出的高价，这就是"加法报价法"。

假设一个文具商向画家推销一套笔墨纸砚，如果他一次报出一个高价，画家可能根本不会买，但文具商可以先报出低价的笔，成交之后再谈墨价，要价也不高，待笔、墨卖出之后接着谈纸价，再谈砚价，抬高价格。画家已经买了笔和墨，自然想"配套成龙"，不忍放弃纸和砚，于是文具商的目的便达成了。

采用"加法报价法"，卖方依恃的多半是所出售的商品具有系列组合性和配套性，也就是说，买方一旦买了组件1，就无法割舍组件2和组件3了。针对这一情况，作为买方，在谈判前就要考虑到商品的系列化特点，谈判中及时发现卖方"加法报价"的企图，从而挫败这种"诱招"。

一个优秀的推销员，当他见到顾客时很少直接逼问对方："你想出什么价？"而是会不动声色地说："我知道您是个行家，经验丰富，根本不会出20元的价钱，但你也不可能以15元的价钱买到。"这些话似乎是顺口说来，但实际上是在报价，片言只语就把价格限制在15～20元的范围之内。"抓两头，议中间"的报价方法传达出这样的信息：讨价还价是允许的，但必须在某个范围之内。

有时谈判双方出于各自的打算都选择不先报价，这时对各方来说就有必要采取"激将法"让对方先报价。"激将法"有很多种，比如故意说错话，以此来套出对方的"情报"。举个例子，买卖双方绕来绕去都不肯先报价，如果你是卖方，这时你不妨突然说一句："我知道了，你一定是想付30元！"此时对方就有可能争辩："你凭什么这样说？我只愿意付20元。"对方这样一辩解，实际上就等于报出了价格，你就可以在这个价格基础上讨价还价了。

总而言之，在商业谈判中，如果你能灵活掌握博弈技巧，那么你就会是受益更多的一方。

白脸—黑脸策略：谈判是场心理战

　　白脸—黑脸策略是最有名的谈判策略之一。英国作家查尔斯·狄更斯在他的小说《远大前程》里曾对这种策略进行过精彩的描述。

　　在故事一开始，年轻的主人公皮普正在墓地悼念父母，突然，一个面容狰狞的大块头冲了出来。这家伙是一个逃犯，腿上还戴着脚镣。他让皮普去村子里带些食物和工具回来，这样他就可以吃些东西并把脚镣取下来。这时逃犯陷入一个两难的博弈局面，一方面他想让皮普害怕他，因为只有这样皮普才会听从他的吩咐；而另一方面他又不能让皮普产生对抗情绪，否则这孩子很可能离开后选择报警。

　　怎么办呢？解决问题的办法就是白脸—黑脸策略。逃犯告诉皮普："你知道我很喜欢你，所以我绝对不会伤害你，可我还必须告诉你一件事情，我的一位朋友现在就藏在树林里，他是一个非常狂暴的家伙，而且他只听我一个人的，如果你不帮我的话，我的朋友就会去找你的。所以，你一定要帮助我，明白了吗？"

从这个故事中，我们可以看出，当你想给对方制造压力，但又不想让对方产生对抗情绪时，白脸配黑脸就是一种非常有效的策略。

要使用白脸—黑脸策略，一般需要有两名谈判者，而且两名谈判者不可以一同出席第一回合的谈判。两人一起出席的话，若其中一人给对方留下不好的印象，必然会影响对方对另外一人的观感，这对第二回合的谈判来说是十分不利的。

通常情况，第一位出现的谈判者需要唱"黑脸"，他的责任在于激起对方"这个人不好惹""碰到这种谈判的对手真是倒了八辈子霉"的反应，而第二位谈判者需要唱"白脸"，也就是扮演"和平天使"的角色，使对方产生"总算松了一口气"的感觉。就这样，二者交替出现，轮番上阵，直到达成谈判目的为止。

　　有一次，亿万富翁休斯想购买大批飞机，他计划购买34架，而其中的11架更是志在必得。起初，休斯亲自出马与飞机制造厂商洽谈，但怎么都谈不拢，最后搞得这位大富翁勃然大怒，拂袖而去。不过休斯仍不死心，他找了一位代理人帮他出面继续谈判。休斯告诉代理人，只要能买到他最中意的那11架，他便满意了。而谈判的结果是，这位代理人竟然把34架飞机全部买到手了。

　　休斯十分佩服代理人的本事，便问他是怎么做到的，代理人回答："很简单，每次谈判一陷入僵局，我便问他们：'你们到底是希望和我谈呢，还是希望再请休斯本人出面来谈？'经我这么一问，他们只好乖乖地说：'算了算了，一切就照你的意思办吧！'"

　　现实生活中，人们使用白脸—黑脸策略的场合远比你想象的要多。跟人谈判时，如果你的对手是两个人，那你就要小心了，因为对方很可能会在你身上使用这种策略。

　　A公司销售经理a和B公司洽谈5000件夹克衫的订单，双方经过多次电话沟通，基本谈定了成交价格：300元/件。商定好时间，a来到B公司，和B公司的采购部经理在会议室进行进一步沟通。突然，B公司总经理王总推开会议室的门看了看，采购部经理说："王总，我正在和a经理讨论夹克衫的事情，您有空吗，要不一起听听？"王总很自然地坐了下来。

几分钟后，王总站起身来，神情严肃地说："我感觉贵公司的东西不值这个价格，你们再聊聊，我还有事情要处理，先走了！"王总走后，B公司的采购部经理很尴尬地说："很抱歉，a经理，我们王总就是这个脾气，你不要介意。其实我个人还是蛮喜欢你们的产品的，我们继续谈，如果你能在价格上更加灵活一点，我想我还可以在王总那里去争取争取，也还是有希望的。"

在这个案例中，B公司采购部经理和总经理两人使用的就是白脸—黑脸策略。那么当你在谈判中面对对方的白脸—黑脸策略时，你又该如何化解呢？

首先要大胆揭穿对方的策略。一旦你揭穿对方的把戏，对方就会觉得非常尴尬。你不妨微笑着告诉对方："你们不是在跟我玩白脸—黑脸吧？"通常情况下，他们会由于尴尬而立刻停止这种策略。

其次，你还可以"制造"自己一方的"黑脸"。比如，你可以告诉对方你也很想满足他们的要求，可问题是你需要对自己的上司有个交代。总之，即使身边没有陪你唱"黑脸"的人，你也可以虚构一些比谈判桌上的"黑脸"更加强硬的"黑脸"。